U0542033

"十三五"普通高等教育规划教材

室内设计精读

主　编　张岩鑫

副主编　吴　昆　王　毅

编　写　尹华实　房　亮　倪　菲　刘之婧
　　　　李沁雅　柯嫣嫣　谢秋芃　李泗林
　　　　刘梦洁　陈　婧　刘桂秀

微信扫码，获取本书右侧配套资源

- 扫码关注，加入建筑装饰交流圈；
- 阅读、下载某工程案例室内设计效果图、现场照片、竣工实景图，以及工程预算清单全部资料；
- 浏览精美设计作品；
- 阅读、下载配套课件。

中国电力出版社
CHINA ELECTRIC POWER PRESS

内 容 提 要

本书为"十三五"普通高等教育规划教材，主要内容包括室内设计的含义及发展现状，室内设计的学习方法与运作程序，设计的行为心理及人体工学，室内设计的历史流派与风格流派，室内设计装饰材料、工艺做法及相关配套设计，制图基础知识，透视，室内设计表现技法，室内设计案例及作品欣赏等。

书中根据设计传统理论与时代特色，对室内环境的人性化设计思想和实践进行了研究探讨，倡导"从人的角度探讨室内空间表达方式，从室内空间角度观察人的需要"的设计思维方式，注重理论与实践结合，将功能应用放在第一位，指出问题，提供解决方法。

本书主要作为高等院校环境设计、室内设计、装饰、艺术设计、建筑设计等相关专业教材，也可供从事室内设计的设计师及广大设计爱好者学习参考。

图书在版编目（CIP）数据

室内设计精读／张岩鑫主编．—北京：中国电力出版社，2018.7

"十三五"普通高等教育规划教材

ISBN 978-7-5198-1697-1

Ⅰ．①室… Ⅱ．①张… Ⅲ．①室内装饰设计－高等学校－教材 Ⅳ．① TU238

中国版本图书馆 CIP 数据核字（2018）第 011999 号

出版发行：中国电力出版社
地　　址：北京市东城区北京站西街 19 号（邮政编码 100005）
网　　址：http://www.cepp.sgcc.com.cn
责任编辑：熊荣华
责任校对：常燕昆
装帧设计：张　娟
责任印制：吴　迪

印　　刷：北京博图彩色印刷有限公司
版　　次：2018 年 7 月第一版
印　　次：2018 年 7 月北京第一次印刷
开　　本：889 毫米×1194 毫米 16 开本
印　　张：8.75
字　　数：295 千字
定　　价：54.00 元

设计者：吴昆 张岩鑫

ABOUT THE AUTHOR 作者简介

张岩鑫

　　1973 年 12 月出生，吉林省敦化人。现任深圳大学艺术设计学院副教授 / 硕士生导师，深圳大学海洋艺术研究中心主任，广东省美术家协会会员，广东民进开明画院首批院聘任画家，深圳市美术家协会国画艺委会秘书长，深圳市民主促进深圳大学支部主委，深圳市民主促进会民进画院秘书长，深圳市南山区政协委员，深圳大学 3 号艺栈美术馆馆长。

　　1995 年曾获得中国美术家协会主办的纪念"反法西斯胜利 50 周年国际美展"设计金牌奖，2002 年获中国美协主办的全国家具设计大赛，入选全国家具设计大赛，2004 年参展深圳市"走进西部"主题绘画展作品《雪原梦》获金奖，2007 年设计规划全国首家环保科普馆，得到市委市政府高度评价并授予荣誉证书。2008 年 5 月在深圳市罗湖区梧桐山艺术小镇规划设计中获罗湖区政府授予的"环境艺术创新"奖。2008 年第三届全国环境艺术设计大展"为中国而设计"，设计作品《新疆联合大厦》入选。近年更有多项设计作品获得国家、省市级奖项。指导学生参加多项国际设计大赛并获得优异成绩。

出版专著：

　　《展示设计精读》、《败在海上》、《喀什风情·行走在帕米尔高原美术作品集》、《张岩鑫之图腾禁果——色彩心理学》、《室内设计基础》，等等。

发表论文：

　　《电脑绘画设计艺术与人类思维情感》、《城市发展与生态环境》、《设计美学的当代价值取向》、《艺术设计美学中的功能主义评析》、《艺术设计之民族文化内蕴解析》、《中国语境与全球视域中的都市设计》、《留一个什么样的设计给未来》、《醉上帕米尔　醒绘山外山》、《明朝抗倭的历史映像——基于中日海战绘画之研究》。

吴昆

　　又名吴畏，1979 年 3 月出生于吉林，深圳大学国际交流学院艺术教研室主任 / 讲师，深圳大学海洋艺术研究中心副主任，深圳大学建筑与城市规划学院美术教师。

　　2003 年深圳包装设计展获"希望之星"奖。2004 年深圳包装设计展获金奖。2004 年设计作品获深圳夏沙海滩环境设计大赛铜奖。2004 年设计作品入选北京国际设计博览会。2005 年设计作品获深圳包装设计展"深圳之星"奖，2006 年设计作品获中国首届创意设计大赛铜奖。2006 年绘画作品参加深圳新人新作展，2007 年绘画作品参加当代水墨画展。2008 年绘画作品参加中韩艺术交流展。2009 年绘画作品参加新视觉作品展。2013 年负责深圳大学 30 年校庆标志设计及视觉延伸设计，获"2013 中国之星设计艺术大奖暨国家包装设计奖"优秀奖。2013 年出版个人画集《喀什风情·行走在帕米尔高原美术作品集——吴昆作品》。2014 年绘画作品参加"风帆时代"海洋绘画作品展。2015 年绘画作品参加深圳当代中国画作品展。

　　作品及论文发表于《装饰》、《艺术教育》、《国画家》、《中国画家》、《中国当代艺术》、《江山美术》、《当代中国画》、《高等院校设计学院色彩教材》。

　　发表论文：《继承与改良——传统文人画在当代语境中的转型》、《异质空间：城中村价值重估》、《浅析新疆维吾尔族民居窗饰工艺特色与图案意义》、《木材质感与情感表达——日本居住空间的装饰设计》。

前言
FOREWORD

　　室内环境设计是人与建筑直接进行交流的重要环节。从原始社会遮风避雨的洞穴开始，人类几乎所有的日常行为、活动都离不开封闭空间的参与。它凭借形态、光线、颜色、造型、材质直接与人对话，并以其本身特有的形式与内涵为人类提供生存的经历与体验。室内环境不但具有能够实现人类的生理需求等生态意义上的物质功能，更重要的是，它囊括了人类安全、文化认同、情感归属等文化性的审美范畴，是直接构成人类生存环境与生活内容的建筑因素。

　　另外，虽然室内空间及其环境设施受制于各种因素，具有极强的物质依赖属性，但在人们的潜意识中它又被寄寓着精神内涵，所以它也具有文化属性。随着人类生活方式、思想观念和科学技术的不断进步，室内环境设计处于无尽的发展变化之中。我们不能预见未来，但有一点可以确信：它与人类生活的关系将越来越密切，所以对室内空间环境设计的深入研究是实现建筑环境人性化的重要途径之一。虽然"人性化"一词尚没有严谨的、科学的定义，只作为一个笼统的词语出现于设计思想之中，但是，诸如文脉、情趣、活力、生活模式、主题性营造等词语已经深入人心，并且都有特定的含义与范畴，它们都从一个侧面反映出了人性化的内涵与需求。鉴于此，为便于在统一的室内环境问题的统辖下，综合讨论种种门类，我们需要一个概括的命名，故将其称为人性化设计及其问题。

　　在这样的教学与创作思想指导下，本书根据传统设计理论与时代特色，对室内环境的人性化设计思想和实践进行研究探讨。博采众家之长，讲究实效，为室内设计的发展提供科学依据。同时，人性化的室内设计原则将提高人们的生活品质，深化人们的生活内涵，为人们对生活环境进行文化的、人性的建设提供理论依据与方法指导。

　　本书倡导的"从人的角度探讨室内空间表达方式；从室内空间角度观察人的需要"的思维方式，更是注重理论与实践的结合，将功能应用放在第一位，指出问题，提供解决方法。这必将有助于去除设计者的浮躁心态，改变盲目、武断的设计现状。

　　所以，《室内设计精读》是全新的描述室内设计与规划的重要书籍之一。希望本书中的理论与实践内容能给从事室内设计的设计师及广大设计爱好者更多的帮助与启迪。

　　本书得到深圳大学教材建设基金资助。

CONTENTS 目录

8　室内设计表现技法

9　室内设计案例——人立大厦效果图、竣工实景、效果图以及预算清单（数字化内容）

10　作品欣赏

1

室内设计的含义及发展现状

教学要点

本章从室内设计的概念出发，横向进行延展，就其范畴、层面、条件、构成、性质及特征等，对"室内设计"本身进行多方位的解读。本章内容为全书基本理论基础。

在我国当前环境建设的发展中，室内设计日益受到重视，工程量逐渐增加，然而，近年室内设计明显存在着创作目的不明确的问题。这主要体现在创作思想的单向思维与封闭思维定式；对现代主义空间形式的模仿；以设计者主观的形式标准作为室内设计的评价准绳；只重视室内空间视觉形态的创造，忽视了室内空间的终极目的是在于对人类生活空间品质的营造形式上。

正如周卜颐教授所说："现代建筑没有在中国生根。"由于种种历史条件的限制，现代主义的精神实质并没有真正进入中国建筑界，而仅限于提供了一种可以借鉴、参考的形式依据。在世界建筑界反对现代建筑、推崇"后现代主义"建筑装饰的声浪下，中国室内装饰也随之进入了"后现代主义"时期。符号、解构、历史、断裂等一系列抽象的哲学精神进入了室内设计领域。对传统符号的解构和拼贴成了一时的时尚。受复古思想的影响，中国室内设计的传统情结非常深重。在新中国成立后的几十年里，各个时期都有复古风潮存在。在不同的意识形态下，复古思想总有它的一席之地。当然，在我们几千年的传统中，蕴含着中华民族共同的人生观、伦理观。对传统精神的领会与借鉴，有助于我们的设计扎根于本土地域环境和人文底蕴。但是借鉴传统精神与借鉴传统形式毕竟是两个范畴，如何借鉴传统是近年来我国乃至世界设计界致力探讨的问题之一，这也从另一个角度体现了人们对人性化环境的探索。

1. 设计含义

室内环境设计在我们的生活中是体现自我价值、表现完美世界的一种重要的情感传达手段。对"设计"一词的解释，不同的领域、不同的时代、不同的人都有所差异。20 世纪美国著名的有机建筑设计大师 F.L. 赖特对他所做的设计这样形容："我热爱草原是出自本能，因为它有一种伟大的朴实。树木、鲜花、蓝天形成了震撼人心的对比。我领会到，在草原上一点点的高度就足以让人看上去很高。因此，这点高度的每一个细节都会变得无比的意味深长。而对于宽度，我有一个想法，那就是建筑物中的水平面属于大地。我开始把我的想法投入到我的工作之中。"美国设计师查尔斯·依姆斯喜欢将设计描述为"一种进行的方式"；一个动词而不是名词；一个适用于解决任何问题的方式手段。如果说具备多方面的才能正是对我们当今设计师的最新要求的话，那么依姆斯夫妇就是开路先锋。从现在的角度进行认同的话，设计 = 艺术 + 科学 + 文化。可见，无论从什么角度，是否用语言对"设计"进行修辞和认识，设计都在我们的生活中发挥着重要的作用。

2. 研究目的

室内环境设计是建筑空间与人直接交流的重要环节之一。从最原始的遮风避雨的洞穴开始，人类几乎所有日常行为、活动都离不开空间的参与。它凭借形态、光线、颜色、造型、材质直接与人接触对话，以其本身特有的形式与内涵为人提供生存的经历与体验。一方面，它具有能实现人类的生理需求等生态意义上的物质性功能，更重要的是，它能满足人类安全、文化的认同、归属等文化性的审美要求，体现了人类生活的意义，是直接构成人类生活环境与内容的建筑因素。所以，对室内空间环境设计的深入研究，是实现室内空间规划与建筑环境人性化的重要途径之一。

3. 美学关系

人在改造自然建立生存环境的过程中，对环境的价值判定不应仅局限于单纯的科学价值和实用功利价值，还要有审美价值。这三种价值都与人类的社会发展和科学进步有关，审美价值实际上是在实用价值得到满足的基础之上，产生的归属心理及审美需求，是一种高于生理需求的自我价值的实现。它包含了人的行为、心理因素对室内空间的要求，是具有普遍性的问题。从审美价值的角度考虑问题可以使我们的研究对未来的设计带有较大的包容度，并能反映出现今人们对环境的期望与理解。

室内空间环境是人创造的、为人所用的，它不单是顺应环境和形式美的附属产品，还应该是激发环境的活性要素。因而，在当前室内空间范畴的研究中，作为"空"的部分的空间及其与人类心理行为的关系越来越成为研究的主要内容，它成为真正容纳人类生活的容器与载体。

4. 发展历程

自20世纪中叶以后，随着建筑设计科学的深入发展，人文思想的进步，人们意识到，对于环境的要求不能仅停留在对空气、阳光等生理需要的满足，更重要的是能使人产生心理认同感、归属感，能营造丰富多样的环境场所。如何使环境营造产生有生气的生活？如何使环境具有亲切的感染力？建筑空间的审美取向究竟基于什么标准？自20世纪60年代以来，建筑理论界对建筑审美的本体进行了多方位的探索，针对社会学、语言学、感知心理学等相关学科的问题进行研究，为建筑美学提供了新的标准。在近代西方建筑思想发展过程中，出现了行为建筑学、建筑心理学等以人的生理需求为研究对象的建筑研究思想。例如，符号学、现象学、类型学、形态学等以建筑美学中的人文因素为研究对象的理论观点，为建筑审美提供了新的评价依据与标准，并提出"宜人的生活空间，是建筑的根本目的与潜在功能"，确立了以人的生活体验为本体的设计观念，以此作为指导建筑设计的理念。

结合我国国情与时代特色，对环境的人性化设计思想，为室内设计的发展提供了科学依据。"人性化"的室内设计原则将提高人们的生活品质，深化人们的生活内涵，对人们的生活环境重新进行文化的、人性的建设提供理论依据与指导。改变盲目的设计现状，从人的角度探讨室内空间的表达方式，从室内空间的角度观察人的需要，是我们首先应该解决的问题。

室内空间及其环境设施因人的需要而生，不同的人群，不同的文化背景，不同的地理、气候条件使人们有着不同的生活习俗和审美情趣。在不同的经济条件下，人们会提出不同的"舒适度"要求。随着人类的生活方式、思想观念和科学技术的进步，在室内设计中，对服务对象的文化背景了解得越深入，设计师的决策便越有说服力，室内设计就不会千篇一律。这个设计阶段并不是孤立的，它要与设计准备阶段的资料准备工作挂起钩来。从资料中分析、提炼出形象的符号和有代表性的文化信息，以至达到特有的人文氛围。空间环境与人的生活情结关系将越来越深。在室内设计中主题"人性化"策划是设计中的灵魂，它需要对室内设计行业和其空间布局进行深入了解，运用空间设计的手段进行创新性的发挥，达到"人性化"设计的最大化。

5. 环境生态

当今，室内设计面临的又一个迫切的课题是生存空间的生态、环境和可持续发展的问题。

社会发展到今天，经济和社会都发生了巨大的变化，旧的世界格局仿佛在瞬间崩溃，而新的世界格局仍在迷离模糊之中，全球的文化格局也发生了巨大的转变。人们赖以生存的自然环境和生态系统也是如此，因为人类的经济行为和科技进步而有很大的改变。一方面似乎变得更加适合人的居住和生活，另一方面又对原有环境造成了很大的破坏。在这个背景下，我们需要进一步探讨室内设计未来的发展趋势：如何尽可能地节省自然资源、保护人类赖以生存的环境、如何建造出适合居住的室内环境等。

6. 评价标准

问题的提出是基于这样的一种事实：到底什么样的室内环境设计是一个好的设计？未来的室内设计到底往何处去？经过了多年的实践和探索，虽然其艺术表现力和审美价值都得到提升和发展，但是在当前社会发展的现实中，由于其他相关边缘学科（生态学、社会学等）的介入，室内设计的艺术设计到底能在未来的室内设计中占多大的比重？是否还继续唱独角戏呢？值得注意的是，这里论述的概念，与现在人们意识中传统的室内设计的概念不同。

7. 调研分析

对现代人活动行为的调查表明，绝大多数人一生中有三分之二以上的时间是在室内环境中度过，室内设计中的生态环境问题对人的重要性是不言而喻的。设计师总的任务是在合理安排人类正常生活、工作、休息环境的前提下，尽可能减少对环境的负面干扰。室内生态设计的基本思想是以人为本，在为人类创造舒适优美的生活和工作环境的同时，最大限度地减少污染，保持地球生态环境的平衡。"生态平衡"是全球环境意识的重中之重，设计师要切合实际地考虑全球生态系统的平衡，用生态学基础原理去指导我们的正常设计，不能空洞地套用生态设计的概念。要脚踏实地地去解决，至少要减轻人的活动对全球环境的负干扰，推动全球生态系统向稳定、协调和平衡的方向发展。

室内生态设计包含了建筑、结构、设备、自控、工艺美术、园林绿化等许多专业的内容。它需要建筑师、室内设计师不断更新知识，熟悉和驾驭新技术。室内生态设计毕竟是一个新课题，它的包含领域、技术体系和美学思想等都需要研究探讨。

设计应该是艺术、科学与生活的整体性结合，是功能、形式与技术的总体性协调，通过物质条件的塑造与精神品质的追求，以创造人性化的生活环境为最高理想与最终目标。

未来的室内设计应该是绿色设计、生态设计和可持续设计。未来的室内设计就是利用科学技术，将艺术、人文、自然进行舒适性整合，创造出具有较高文化内涵、合乎人性要求的生活空间。这也必然会推动建筑业对地球资源的使用，从消费型向可循环使用型的转化。生态环保技术和工艺的发展，为实现室内生态设计的基本思想提供了越来越多的技术手段。

室内设计的实质目标，不只是以服务于个别对象或发挥设计的功能为满足，其积极的意义在于掌握时代的特征、地域的特点和技术的可行，在深入了解历史财富、地方资源和环境特征后，塑造出一个合乎潮流又具有高层文化品质的人性化生态环保的人类生存环境。（图1-1，图1-2）

图1-1 《新疆某商场》 设计者：齐霖 张岩鑫

图1-2 《新疆某商场》 设计者：齐霖 张岩鑫

1.1 室内设计的概念与范畴

室内设计对于众多人士来说，恐怕要把它移植到装修、装饰、装潢的概念上去，其实，装修、装饰、装潢和室内设计这几个词义概念是有所区别的，对应的层面也不同。

室内装饰或装潢：原义是指"器物或商品外表"的"修饰"，是着重从外表的、视觉艺术的角度来探讨和研究问题。例如对室内地面、墙面、顶棚等各界面的处理，装饰材料的选用，也可能包括对家具、灯具、陈设、小品的选用、配置和设计。

室内装修：Finishing 一词有最终完成的含义，室内装修着重于工程技术、施工工艺和构造做法等方面，顾名思义，主要是指土建施工完成之后，对室内各个界面、门窗、隔断等最终的修整工程，含有一定的技术成分。

室内设计则不同于大众认知的装修、装饰、装潢对室内空间所指的工作内容，它不仅包含了这三个方面的全部内容，还包括对空间机能、行为心理、技术设备、环境秩序等系统的设计层面内涵，是对工程技术、工艺、

建筑本质、生活方式、视觉艺术等方面进行综合营建的工程设计。

室内设计又是对建筑空间进行的二次设计，是建筑设计生活化的进一步深入，使环境能适应人的需要。它是对其构件围合的场域空间进行的再造与升华，使其能适合某一特定的功能场所需要，能符合使用者的目标要求，实现良好的人与人、人与物、物与物之间的机能营建关系，达到室内设计安全、健康、舒适的美好愿望。

室内设计是对人与可持续生存的生活环境之间关系问题的求解，是寻求合理的解决方法的过程。它依托物质、对应文化、抒发个性、寻求功能与机能的合理性，创造可持续发展的生活环境。研究室内设计还应从环境系统层面上去拓展。这一层面既有社会环境、自然环境、人为环境，也有物理环境、生理环境、心理环境、文化环境、机能环境等多层面的内涵。只有全方位、多角度去思考它，才可使这个古老而又年轻的综合学科走上科学发展的轨道，成为一门设计科学。因此，我们又可把它理解为室内环境设计或环境设计。室内设计，是

人类生活的重要组成部分。衣、食、住、行和安居乐业，这些老话从另一方面充分地表明"住"与"居"在人类历史长河中的重要性，它不仅有物质功能需要，还有精神功能的需要。室内空间是由建筑构件限定的"容器"

界质来满足人正常物质与精神双重生活需要为目的的场所，成为人类生存与生活的保障条件。室内生活的场域范围是室内设计物化再造的广阔空间。（图1-3，图1-4）

图1-3　《某别墅健身空间》　设计者：周举

图1-4　《某别墅客厅》　设计者：周举

1.2 室内设计的层面和条件

　　从广义上看，室内设计是一项大众参与最为广泛的艺术活动，是设计内涵集中体现的地方。在家庭中，人们时常为空间的秩序调整着各个界定元素，置物与装饰的过程，充分体现出对室内空间协调的整体要求。在进行重要的活动时，主人们为室内空间的机能展现，投入了更多的设计心智。因自身知识、修养、见识、审美、条件、施工能力的不同，对家居设计认知和理解存在差异，设计质量自然就会参差不齐。作为设计的普通群体是这样，而对专业的主群体——设计师来说也同样如此。由此可见，室内设计的第一个层面就是：不同的人对室内设计有不同的解决方法。

　　第二层面是室内空间功能、内容的种类不同，设计要求也不同。室内设计的分类，概括地说，可分为三大类：①人居环境室内设计；②限定性公共室内设计；③非限定性公共室内设计。不同类别的室内设计在设计内容和要求方面有共同点和不同点。

　　（1）人居环境设计：人居环境设计有集合式住宅、公寓式住宅、别墅式住宅、院落式住宅、集体宿舍。它们包括门厅设计、起居室设计、书房设计、餐厅设计、厨房设计、卧室设计、厕浴设计。

　　（2）限定性公共室内设计：限定性公共室内设计有学校、幼儿园、办公楼、教堂。它们包括门厅设计、接待休息室设计、会议室设计、办公室设计、食堂餐厅设计、礼堂设计、教室设计。

　　（3）非限定性公共室内设计：非限定性公共室内设计有宾馆、饭店、影剧院、娱乐厅、展览馆、图书馆、体育馆、火车站、航站楼百货商店、综合商业设施。它们包括门厅设计、营业厅设计、休息室设计、观众厅设计，

饮餐厅设计、游艺厅设计、舞厅设计、办公室设计、会议室设计、过厅设计、中厅设计、多功能厅堂设计、练习厅设计、其他。以空间设计为中心，指挥室内所有部分的统一设计。对空间的大小形状，对室内环境的气候、采光、照明以及对在那里生活的人所必须具有的物理、心理感受进行综合判断和选择，以满足人们生活、工作的物质要求和精神要求。

　　第三层面是实体条件基础与设计表现。作为室内设计者来说，所做的设计大都是对原有建筑师设计的一次空间进行二次空间设计，这是为了满足人与人、人与物进行深入交流的场所需要。针对一次设计的框架界定实体，在定位与组合关系上逐步展开，有设计的基础问题和再设计新功能所需要的问题。因此，对于这一层面，我们也应给予足够重视。

　　室内空间的实体条件，对最终的设计表现存在着一定的影响。而一般体现在原设计不足，具体反映在房屋举架过低、柱距过密、空间窄小、交通不畅、管道零乱等方面。诸如家居民宅的室内，在某些户型中入口与客厅、卧室、厨房之间缺少严谨的思考设计，不利于现代日常生活中人们对科技产品的适用性的要求。有的大厅中各墙面被其他各室的入室门所占据，使你无法对其空间进行有效利用。因此，使用者与设计师对其原空间的功能设计表现需进行再修整，拆墙打洞、钻孔开槽、改动设备配置就在所难免。这其中，有些是必须做的，而有些又是须慎思而后行的。在这里，一些建筑知识是设计者所必须掌握的。

　　这些基础条件与表现存在的不协调，在室内设计中是一种非常常见的矛盾。盲目地只凭主观愿望去做，会破坏其整体建筑结构的韧性，也使得建筑荷载重新分布，

再加上新旧材料的差异、施工技术的区别，将严重地影响着建筑自身的牢固性和耐久性。一次设计的不完善，使二次设计的客观表现成为可能，因此二次设计显得尤其重要，盲目设计将失去一次合理设计的机会。所以，我们都应该认真地善待设计，科学地去解决问题，使设计的每一个环节都能符合人的需要和空间的需要。这是作为业主和室内设计者们不能武断决策的重要问题。

1.3 室内设计的构成与五个制约因素

人、空间场、使用物是室内空间构成的主要要素。

人，是空间中的主体，是使用者。由人所带来的功能需要不胜枚举，行为心理与生活方式是它的核心所在。人有男有女，有老有少，职业不同，风俗有异，文化高低，审美雅俗，经济强弱都存在着个体差异。

室内设计必须首先要研究作为使用者的"人"的构成层面，也就是为"谁"去做设计。这样，设计就能做到有的放矢，事半功倍。

空间场，是构筑空间介质的物质实体反映的界定场域，它可以是全封闭的，也可是开放式的。界定形式与空间形状多样有别，无一定律。空间场所是生活秩序与环境设计的重要表现舞台。

使用物，是人行为方式的对应要素，是满足人的物质条件和精神寄托的实体形式。

研究空间场的构成和使用物的利用，一定要在实用功能的前提下，定位于环境使用方式、类型与体量，满足使用者身体活动尺寸要求、生理要求和精神要求。在有秩序地规划其行为方式的过程中，重新认识构成空间场所与使用物体的物质实体，完善好设计目标，更好地满足使用者的实用要求。

对于室内设计来讲，主要有这样几种制约因素应予注意：人的因素、功能因素、环境条件因素、技术因素、经济因素。室内设计五个制约因素，这些制约因素如果得到合理有效的解决，设计的水准会直接得到一定程度的提高。

1. 人的因素

人的因素对室内设计形成一个极大的制约条件。它体现在三个层面：业主、设计师和社会群体。

关于业主或业主们，他们的思想、偏见、爱好、审美、年龄、职业、文化、修养、风俗、创造力甚至是政治观念等条件的制约与限制是很重要的一个方面，而在一定时期，又存在着不同思想与社会群体的文化取向、心理和精神需要的形式，并反映于室内设计之中，既体现在大众审美中个性的表达，又引导着大众对审美秩序的欣赏口味。设计师，更是这个内容中不可忽视的一个主要制约因素。这主要表现在对设计师的知识体系、创造力

素质、造型能力、审美取向、个性体现和综合能力等艺术素养的要求。也就是说，一个设计师必须具备全面的功力，才能充分地表达创意过程中的高质量设计。

设计过程是一种动态的、受人的因素制约的、需要不断地在社会环境中修正的创意活动。设计师与业主们（或使用者）是最直接的互制互动者。因此，人这第一要素就成为制约因素中的重要部分。也就是说，人类将在心理、生理、知识结构、自身素质、审美品位、审美取向、环境条件以及文化价值观、社会环境、生产生活方式、法律法规等因素中，全方位、多层面地影响着室内设计的走向。

研究人的制约因素，也就是提高空间环境的物化功能以适应人的实用要求，以及心理与精神的对应程度。

2. 功能因素

反映在室内设计，功能目标应有相适应的空间形式和条件来互动。包括室内空间的大小、形状、高低、宽窄、序列等空间构造内容条件，以及电气功能需要、暖通功能需要、给水排污功能需要、消防与安全需要等技术设施问题的制约因素。室内设计中，当现有空间的现状与使用功能要求的目标相矛盾时，就要对实质物现状进行界定，或重建或调整。这样的环节贯穿于整个设计过程中，它不断地完善着功能的需要，协调着人同环境之间的关系。因此，这也是非常重要的因素。

3. 环境条件因素

环境条件因素主要是指来自相对概念的室外环境的影响与制约。自然界是我们生存的家园。人类的生存环境的设计，是生存环境的一个有机组成部分。

当水泥和钢铁，在人与自然之间建立起一个个相互隔绝的场所时，我们的很多东西正在丢失，与此同时，许多生理与心理甚至是生态与社会的问题也在随之产生。正因为如此，人们越来越多地认识到必须同环境和谐相处，并利用自然的恩惠为我们的生活服务的重要性。

作为室内设计，自然也是可大有作为的内容之一。敞开内外环境，使其进行充分沟通，让最好角度的阳光连同室外景观尽收眼底。通过室内的庭院化、水体的延伸界定或隔断噪声、防止眩光、控制污染、减弱不利环境的影响等方式来实现理想的设计。

4. 技术因素

技术因素，是使构筑物化环境成为可能的方式方法。技术成分、技术水平、结构类型、实施方式等因素必然会影响到设计的形式和质量。为表现技术、材料性能、力学规律的方式方法，必须构建内在和谐统一的组合秩序。也就是说，理想的室内设计、环境构成及界面形式，需要完备的技术作为支持。

高质量的技术其表现是合理和科学的，它会使高质

展厅原貌　　　　　　　　　设计效果图　　　　　　　　　竣工开幕

图 1-5 　《深圳海洋文献馆》 设计者：张岩鑫　齐霖　尹华实

量的设计内容得以显现。二者均隐藏于界面内部，既表现了内部结构又显示在空间界定之中。

我们施工中常用的贴、粘、钉、挂、镶、结等处理材料的手法，就是一类技术因素的具体表现，而声、光、热等室内生活设施质量的实现，则是通过科学的技术因素来完成。因此，实际操作中，每一项目标的处理、设计，都需有其合理的技术条件来支持和保障，否则是不能得以完满呈现的。

5. 经济因素

经济因素是室内设计的导向。在工程的规模、档次、时间、条件等因素上，经济因素都具有较大的影响。但是，并不表明只有高投入才能取得高质量的室内环境。

1.4 室内设计的性质与特征

室内设计（interior design）就是对建筑物的内部空间进行设计的创意活动。室内设计作为独立的综合性学科，于 20 世纪 60 年代初形成，它是空间艺术、环境艺术的综合反映。

室内设计学的性质是隶属于建筑学与艺术设计学的交叉学科，是最具融合性的分支学科之一，是一门"实用的艺术"或"体验的艺术"，也是"观赏性的艺术"。室内设计是空间营建的艺术，又是创建历史文脉的艺术。专业性虽强，但也是大众参与最为广泛的一项艺术创作活动。它是人类自己创造和提高生存环境质量的活动，是创造审美秩序的载体、传达功能的物质介质，同时也是一种心理需要。它体现着技术与艺术，乃至生存意境与时空生存环境的内涵，改变着人的生活方式、提高生活质量。它是物质与精神、科学与艺术、生理与心理要求之间的相互平衡，是室内空间环境设计中，高科技和人性情感所要挖掘并总结的问题。

室内设计的特征是活动参与者众多，条件复杂多样。适时、适地、适人表现出的内涵丰富多彩。室内设计涉猎于建筑学、景园学、人机工程学、心理学、美学、社会学、物理学、生态学、色彩学、材料学、营造学、史学、哲学、设计学等众多学科领域，它是一门多学科互制互动的艺术。各学科因素互相渗透，有机纳入，系统呈现，为室内设计铺垫出强大的文化支持平台。

室内设计能满足不同使用者多层面的需求，因而又是一种功能性较强的实用艺术。它能在物化的环境中，实现人们的心理和精神需要。

室内设计也是一个文化信息的承载中心。它反映了技术条件、文化理念、价值取向、信息处理等特定时期、特定地域、特定使用者的追求，成为展现人类历史文化的一个层面、延续人类文化历史的一种途径。

室内设计还是众多艺术创造活动的综合承受者及自身科学的延续者。

对于室内设计，不能只孤立地去研究内部的形式秩序，必须把它纳入社会环境、自然环境、人为环境、心理环境、技术环境中去，系统地去认知、评价、决策和设计。（图 1-5、图 1-6）

思考与练习：

1. 写一篇室内设计行业调研报告并进行上商业分析，1500 ~ 2000 字（以当地为准）。

2. 拍摄室内设计资料，并以不同形式分类。如商业空间、办公空间、私人空间等。

图 1-6 《新疆某商场》 设计者：张岩鑫 齐霖

2

室内设计的学习方法与运作程序

教学要点

本章从室内设计学习方法和设计程序进行分解介绍，将态度放在首位，以"人性化"思想贯穿始终，着力设计理念与艺术修养的培养，引入"设计即解决问题"的观点，讲述设计思维的过程。

室内生活环境的空间设计，不是空间功能内涵与形式的简单叠加。在影响人类生活意识和生活行为、实现自我价值与精神充实、设计的物化或秩序化的基础上，兼顾技术条件、文化平台、经济支持以及环境健康发展、减少公害等方面，通过深入的研究，才能创造出系统秩序的"人性化"生态环境。从发展的眼光看，它是一种统筹、一种协作，多层面、多学科相融的环境设计艺术。

"人性化"设计思想是室内空间环境设计的灵魂。为人而设计，为居住文化、文脉、美学而设计，为生态、环保、节能和可持续发展的未来居住环境而设计，为人类的情感、个性、精神世界及归属感而设计。这一切都是以对人类生存环境的优化为目的的。挖掘人类的生活内涵、生存体验的特征才可以总结出设计空间的"人性化"内涵。

人类生存与生活环境的完善，促进了生活质量的提高。在保障、提高和发展的条件下，努力来适应未来环境更多的挑战，是众多秩序组织者与创造者们的共同愿望。

"人性化"思想是设计师通过人自身的感受器官，让其选择室内空间环境设计中各种不同的自身需求及审美要素，满足与承载肯定业主自我价值的心理愿望，从而达到令其身心愉悦的目的。其行为实质是一种审美体验。表现人类生活内涵与生存体验的特征，才能理解室内空间设计的"人性化"内涵。

随着城市生活节奏的加快和生活水平的提高，人类有目的的能动性与创造性活动把室内空间环境构想通过设计变成了有意义的实体，人的创造力借助实体淋漓尽致地展示出来。人类的这一举动超越了有限空间的限制，促成了室内空间设计"人性化"的视觉空间文化。但概念总是随着时代的变化发展而更新替换。在如今这个生态环境受到全球关注、可持续发展观念被人们广泛接受、生态文化日益渗透至人们日常生活空间的时候，建立以生态规划为前提、"人性化"设计观为基础的室内空间设计的系统概念显得尤为重要。

2.1 室内设计的学习方法

1. 学习目的

虽然，室内设计是一项大众参与最为广泛的艺术活动，但它毕竟是一块独立的学科领域，内容繁杂，只有纳入系统的程序中去考虑，才能营建出高质量的空间环境来。

室内设计的目的，是在各种条件的限制内协调人与环境之间相适应的空间合理性，以使其设计结果能够影响和改变人的生活状态。

达到这种目的的依据是设计的概念来源，即原始的创作动力是什么，它是否适应设计方案的要求并且能够解决问题。这种概念的来源途径应该是科学和理性的分析，其目的在于发现问题并提出解决问题的方案。整个过程是一个循序渐进和自然而然的孵化过程。设计师的设计理念，应在他占有相当可观的已知资料的基础上，自然合理地流淌出来，并不会像纯艺术活动那样，是突发性个人意识的宣泄。当然，在设计当中对功能的理性分析与艺术形式的完美结合要依靠设计师内在的品质修养与实际经验来实现。这就要求设计师应该广泛涉猎不同门类的知识，对任何事物都抱有积极的态度和敏锐的观察。

2. 学习方法

首先，必须树立良好、科学的态度。建立严谨的治学思路和持之以恒的决心。

其次，必须广博众览。把握设计的基本理论脉络，以文化作为发展的支持平台，去重塑生活的环境。

再次，积极地参加实践，在实际操作中学习。在实践中学习是十分必要的，其目的是为了提高自身素质，重点开发创造性思维，完善个性品质。

最后，是教育方法。这更是有它自身的规律性特点。主要有两类方法：一类，是实际操作：读书、听讲座和参观。二类，是接受正规、科学的专业设计课程训练。

参观实际工程。对新观念、新技术、新材料、新形式等工程内容增强了解，通过切身体验、操作等最直接有效的学习方法，去培养设计者处理问题的能力，并借助实践来反馈设计的利弊，斧正设计理念。

尤其是从其他专业转向而来的设计从业者，其基础理论知识缺乏，认识结构陈旧，或者只凭感觉操作，照搬照抄现有的实际工程及照片资料，进而使室内设计走向复制、重复的不良发展状态。作为一名真正的室内设计师，深厚的理论修养是其必不可少的，而读书，正是增强这种理论修养的必经途径。

设计理念修养积累范畴，可读书的种类很多，不过大体上可以这样收录它们：

（1）史学类，包括中外建筑史、室内史、家具史、美术史、工业设计史、家庭、社会发展史、造园史、美学史、艺术史、心理学等。

（2）设计理论类，包括环境艺术、设计程序与方法、建筑原理、结构构造、室内设计原理、规划、园林、装饰与陈设、家具灯具、人体工程学等。

（3）表现类，包括表现理论、透视、制图、字体、模型、摄影、电脑、装裱、美术理论、商用写作等。

（4）技术类，包括材料、工艺、配电、施工、通风、给排水和消防等有关建筑设备及相关服务性设备方面。

（5）修养类，包括哲学、文学、商企管理、写作、地方志、宗教、名人传记、语录、民间故事、电影、电视等。

所读书的类别很多，但是，读书要系统地读，要精读，有目标地读。不但看内容，还要看内容的前后承接关系，这样才能达到理想的学习效果。

听讲座、看展览可以了解到专业内外未熟知的新知识层面及其发展趋势、异知新解。作为系统教育的一部分，这种方法对提高自身的修养、见识、鉴赏力和兼容能力是极为有利的。

系统的理论学习是一个设计过程，是积少成多、融会贯通的质量保证，它体现在单元课题设置、知识结构、教学序列、教学方法、教学深度等方面，逐渐启发自身的能动性，形成创造力，达到量中的质变，使学习更加扎实，后劲常备。

无论是实践还是读书，都需注意一点，那就是设计师应带着问题去看、去读、去做，勤思、活学、多问，并以此为媒介，把设计思维逐渐开发出来。形成"开放型"的思维方式，这也是学习的重要目的，只有这样才能获得理想的学习效果。

2.2 设计的运作程序

解决问题的方法是多种多样的，其过程表达也无一固定模式，但它是在有目的实施设计秩序基础之上进行的，其程序构成是有因果关系的。这一点，我们在设计过程中应给予战略性的重视。组织好路径，协调好关系，把理想的最佳方案筛选出来，去决策，去落实。

在进行室内设计的规律中，常规的过程主要有这样一条路径可以遵循：（图2-1~图2-4）

第一步，应明确将要设计的内容、目的。如：什么类别的室内空间；功能、范围、档次目标是什么；有无上级审批文件；设计任务书；实地测量场地，了解其特征等。

第二步，针对目标进行可行性调研。如：研究设计任务书；研究"条件"的因素；研究使用者需要什么；研究系统构成分解；研究有关资料；研究法律法规等。

第三步，目标定位。为设计解决的主要承接者的目标落实，引出主题与框架、落实范围、方向与路径，做平面功能分析。如：达到什么样的设计目标细则（规模、档次、功能、风格），人际关系的定位；技术定位；预算定位、材料市场范围等。

第四步，设计介入。按照目标定位的内涵，系统地、有目的地从总体计划、构思、联想、实施等方面发挥人的创造能力，完善对策，开发出几套创造性地解决问题的立意构想方案。如：①从空间形象展开构想；②采用何种技术来统构支持完善的构思；③借鉴哪些成品及资料的构想；④从风格上去定位构思；⑤从民俗或职业上寻找利用点的构想；⑥从地方材质上引申构想；⑦从原状态因素的组合方面构思；⑧从用途上有无其他价值以及从平面上寻找关系等各个角度进行构思。

第五步，综合评价。为使初步设计目标的制定更合

图 2-1　聚点酒店室内设计

图 2-2　聚点酒店室内设计

图 2-3　聚点酒店室内设计

图 2-4　聚点酒店室内设计

理有效，还需要对方案本身与业主之间进行功能、心理、计划、设计、形式、材料、经济、技术等细节问题的对应与评价，以协调认定初步构思的计划。如：这样解决问题是否对人有益；是否符合功能需求；是否解决了希望与实际空间的矛盾；要素之间是否构成了新问题；空间中使用物组合与发展的机能怎样；成本如何；技术可行性；业主评价等。

第六步，展开设计。这一步是设计再深入阶段。把分析、综合所得出的解决方法作为基础，再进行综合、系统的统筹。从构思草图转到个案。如：这一空间场所界面造型的细节设计；物与物之间的结构与构造关系；顶面造型如何；灯具的分布与形式；采光窗的位置与开启方式；地面的材质和图案的落实；空间中重点装饰部位的范围与形状、色彩搭配的选定等。

第七步，设计表现。在灵感闪现时，需要用一些方法把它记录下来，而在草图设计阶段或分析设计细节时，更是需要形象地表现出来。绘画的形式是直接而又易于接受的媒介，尤其设计工作在几轮反复研究之后，需要对各单元部分作透视表现，使人直观了解未来空间或物象形象的形成条件，而设计图表现就担当了这一角色。虽然，设计表现的方式方法还有口头语言、图表、体势、模型、电脑等途径，但绘画类的表现功能，是表现形式的代表功能，其效果是一般常规表现形式所不及的。而电脑辅助设计表现是另一种表现方式，制作的画质效果近似实际照片或影视作品，给人以一种真实的印象。这两种主要形式的利用可谓相辅相成、相得益彰。如：门面设计透视表现，室内空间设计透视表现，细部结构，平面、立面、剖面设计分析说图，模型，动画等。

第八步，落实详图。设计构思经过设计定位、目标落实、展开设计、设计表现等过程，方案被业主认同后，需要进行大量的施工图设计和配套的相关专业的设计图纸。

利用正投影原理所绘制的平、立面和剖面图，科学地再现空间界面的真实尺度与比例、材料的构成与做法，用专业领域的制图规范来强化设计，是准确交待解决空间构思和施工问题的重要表现方法。因此，详图的细部表现是十分重要的。作为设计师，不掌握这一能力是不行的。

第九步，编制预算及其他。编制预算：预算是设计工作对工程总体造价进行的分析与目标计划，编制预算工作应按国家有关法则与规则进行，实事求是。

设计说明编写：有关设计说明更是设计运作的一个不可缺少的内容。让业主、技术人员、施工者了解有关设计的注解说明，介绍优化了的方案设计之思维作为认知应用的指南途径。这一点是完整表达设计理念的重要手段。

材料手册是另一种对设计方案的细则说明方式。针对设计，提供必要的各主要单元部分构成因素用料的样本，让业主、技术人员及施工者一目了然，对其特征、色泽、性能、图案、质地等方面产生直观的了解，增强对方案空间形象的理解，加深设计者与业主以及同施工者的交流。这也是提供符合设计过程系统状态模式的设计思想的表达。

总之，关于设计的程度和方法，前后统筹，应因人而异。国内外方法很多，相互借鉴、相辅相成，有益于设计者潜力的发挥及创造力的培养。

思考与练习：

1. 阅读 6 ~ 10 课本外资料，以授课教师推荐为主。
2. 学习室内设计与阅读后，写读书笔记 5 篇。

3

设计的行为心理及人体工学

教学要点

　　本章注重对人的因素的研究，透过探寻使用者心理行为规律和设计者心理、素质、智能等，对人、物关系进行剖析。引导设计师以"一切设计都是为人服务的"为观念，对空间、功能、界面、形式进行研究。

3.1　设计与行为心理

　　众所周知，随着社会的发展，环境设计问题被提了出来，在以人的行为为研究对象的心理学中，环境设计与心理问题已经成为设计过程中的重大课题，进而产生了一门新的学科——建筑环境心理学。

　　建筑环境心理学是现代建筑学新概念中的重要一环，是围绕着心理学研究与建筑学研究的一门边缘学科，是研究人的行为和建筑环境间相互关系的科学。运用心理学的某些理论解决建筑设计的实际问题，重点研究建筑环境中的人的心理现象及行为特点。基于格式塔心理学与建筑环境视觉原理，提出人对环境的认知方式与个人空间的形成，从人的心理角度分析环境的人性化特征。从空间和场域、感觉和知觉来进行人性化设计。

　　知觉的特征：从空间知觉、环境认知、环境心理感受与个人空间等角度，研究建筑环境与人的心理感知之间关联内容的方式。旨在了解业主如何和环境相互作用，进而利用和改善人类环境，以解决各种由环境设计而产生的人类行为问题，诸如建筑环境结构、色彩、空间等对人的行为的影响。是对于建筑环境"人性化"的研究有了真正意义上的科学依据。

　　大部分的心理学研究都要考虑刺激和反应间的关系，心理学中每一领域都涉及人工环境即建筑环境的作用问题，因此，有的心理学家认为，建筑环境心理学家实际上是对所有心理学研究提供一种特殊的观点和研究角度，对所有心理学都将产生重大的影响。在建筑环境心理学中，建筑业主环境是多维的、多元化的，研究重点是多维的环境和个体心理间的关系，是长时间组织起来的、与大规模的建筑环境有关的心理行为，而不是某一个分离的刺激和反应的联系，不是一个刺激的直接反应，因此建筑环境心理学又是心理学中一个相对独立的分支（图3-1～图3-7）。从它的研究范围来看是多学科的、交叉的，除了和心理学的其他分支交叉外，和建筑学、环境科学、生态学等也有交叉的关系。这里着重从几个方面简介与设计有关的课题，以便更好地从事设计工作，其中主要有人与人、人与物、物与物及设计师的心理问题。

3.1.1　人与人

　　环境设计的目的是如何满足其自身客观物理功能和人的心理功能。人的环境体验是我们进行创新设计的原则依据，它因人的行为心理需要而存在，围绕人类生活的实际需要而成长，并在满足这种需要的过程中变化。"设计必须为人服务"的思想成为环境设计人员普遍接受的原则。该原则要求设计工作重视人，重视人的心理和行为需要。要达到以上目的，必须研究人与人这一重要关系。在环境设计中，这一关系体现在以下几个方面：

1. 人的层面

　　环境中的人是主体因素，是使用者、创建者和顺承

深圳市环保科普馆平面规划（原方案）

深圳市环保科普馆平面规划（现方案）

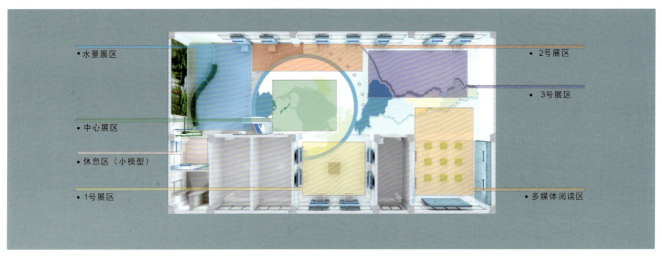

深圳市环保科普馆平面规划（分区图）

图 3-1 深圳市环保科普馆平面规划

者。不同的功能领域、不同的环境条件，都有不同的使用者在工作、学习和生活。层面繁多，各不相同。既有来自老、中、少、幼，又有体现男女之分，还有健康的与残疾的，民族、民俗、宗教、风俗、政治的，职业、经验、文化的，甚至是地域条件的，层面种种，体现了人文关系的复杂性。

　　研究人的因素，是提高环境作用、体现对人的关心、为人而设计的关键一步。环境使用者成分的复杂影响着空间环境构成的复杂性，以及舒适、健康、安全、便捷性等。而这些又是人们行为活动中至关重要的需求，自然对人的因素的研究也就成为室内设计中非常关键的环节。

2. 人的交往

　　人对与他人接近程度进行主动控制的心理需求称为私密性要求。人对私密性的要求表现为四方面：独处、亲密、匿名和保留。理想的私密性可以通过两种方式来取得：利用空间的控制机制，或利用不同文化的行为规范与模式来调节人际接触。由于私密性是控制与他人接触的双向过程，所以空间环境设计不仅应满足物质占有、空间场、人的使用过程，还应满足人的精神需求，提供与公共生活相联系的良好善意的机能渠道，并使其处于使用者的控制之下，创造"社会促进空间"，加强人与人的沟通，促进人与人之间的相互吸引，是设计师必须在其作品中反映的问题。

　　研究结果表明：空间环境设计对人与人的关系的影响较大，体现在交往中人们之间的距离定位、空间的有效利用与组织、接触频率、时间控制、地点条件、功利目的等因素上。一个巨大的办公室，用桌子、书架、植物等分隔出个人空间，各空间汇集于这个办公室，在用物化条件和设计语汇的组织下使同事之间有较多的接触机会，可增进友谊和社会凝聚力，还可大大提高工作效率；住宅设计中一梯两户式多层住宅由于每一户的独立性强，居民接触机会少，因此显得冷清寂寞；而一梯三户或四户的住宅，由于有户外短走廊，居民有较多的条件机会与邻居相遇，所以交往与交流的频率高于一梯两户住宅。这样的实例在现实中很多很多，表现在人类生存与生活的各个层面范围之中。交往是人们必需的生活基础，是群体与个体或个体与多体联系的基本要求。因此，交往条件因素的获得、行为心理的需要是空间环境设计的前提。

3. 领域与距离

　　领域是环境中，个人所特有的感知控制、介质限定和占有的空间。当感知空间被侵犯时，空间拥有者会做出相应的防卫反应。它具有两个层面：第一是实际限定的领域，第二是心理感知限定的领域。领域是以场地形

式存在的，既有实体形式，也有虚体形式，它是具有一定动能的因素。人离不开社会，需要参加社会文化活动，这是人们精神和心理的需求。

　　个人心理需要，是随着人的走动而不断迁移的最小的空间领域，可使人在空间中与他人保持适当的距离，这个距离称为人际距离。人际距离由近到远依次为：亲昵距离、私交距离、社交距离、公共距离。进行环境设计时就可以根据环境的性质、群体使用者的关系秩序与程度来为使用者提供预知条件下的紧凑布局、功能合理且舒适的服务设施。如设计一个报告厅，讲演者与听众间的距离自然应该采取公共距离。满足使用者要求的同时，设计者可以发挥创造性，对使用者施加影响，缩短人们之间的心理距离，促进相互间的交往，完善领域的结构关系。在公共室内、社区环境、家庭居住条件中完成人性化的层次要求，是满足室内环境中，人的行为心理需要的必要因素。

3.1.2 人与物

　　人作为环境的主体，构筑了非凡的人为世界，在长期的物化过程中，自然也应依据人的心理和行为规律进行。因此处理好人与物的关系，同样也是一个关键的环节所在。

1. 空间设计与人的心理

　　经过设计的空间能诱发人们产生一种特定情绪或心理上的反应。一些空间之所以令人身心愉快，是因为这类空间在机能、大小、形状、比例、尺度、色彩、设计表现语言等方面适合它们所使用的目的和使用人的精神层面。设计特定功能的空间应根据它们的"功能方式"尽力去创造它们，诸如城市空间、人为景观、家具等。人、物和物围建筑的感知场所，成为了认知环境设计的要素所在。功能会引起形式，形式又会强化功能。

　　功能空间设计是室内设计的主要内容。空间构成有自身的规律性和一定的几何原则，空间形体给人的直觉形态是第一性的、直观的。"格式塔"心理学中指出：人们喜欢有规律、有序列的几何形体。受这类认知的影响，大自然中随处可见的曲线形态序列，使人们有心胸舒畅、自由祥和、超脱呆板的感知；水平线形态宽广、垂直线形态伟岸，而折线又能给人以紧张突兀、忐忑不安之感。在满足机能要求和自然的条件下，对二次设计的艺术处理，应认真地运用这一规律，来营建设计语言的实体定位，使空间更能适应人的需要。

　　空间结构设计技术的发展，使大跨度的室内空间设计成为可能。采用不同的结构形式、不同的构筑原则、不同的秩序定位、不同的材料表现，就可创造出风格迥异的室内空间。而在现代建筑中，空间的功能定位越来

图 3-2 深圳市环保科普馆规划建设过程实例图

越模糊，高密型、综合型、复合体式的发展，再加上新的观念与生活方式的革命，更使形式内容繁杂多样。如在人们消费活动的空间中，它不仅仅需要满足于一般简单的购物，还要在购物的同时考虑空间功能的机能性、趣味性、文化性和表现性。通过空间各类场所的畅通、内外的沟通、回归自然的表述、个性的定位，来构筑社交、购物、休息、观赏的综合理想环境场所。这样的环境不但可以实现功能的体现，还可以消除顾客疲劳感和紧张感，在心理上、生理上起到一定的平衡作用。由于人的商业行为存在着个体差异，对于他们不同的心理层面需要，就要以类同的对应空间设计来考虑个体与整体的关系。调动积极因素，来吸引人、留住人。再如，线性的序列从入口到大厅，从次要空间到主要空间，从水平交通到垂直交通，几何空间的组合构成应有主次秩序，"高潮"与"低潮"交替动作，就会在心理上不断引发情感，调动行为动机，增强空间实体序列对人的作用。对于商业建筑入口和橱窗的设计更应多下功夫，以便吸引顾客。

2. 陈设与人的心理

在现代环境设计中，人们越来越多地把环境设计成情感的场所，陈设是带来精神功能的重要媒介。秩序结构、植物、灯光、材质、艺术品、建筑小品、工业产品、布饰等要素的有效组织应用，或主或辅或调控或融入。文化性、地方性、园林式，把人们生活的环境个性化，既有指物抒情，又有美化环境、创建空间的机能。

陈设与装饰密不可分，互利互动成为一组别致的设计语言系列，装饰与陈设离不开对人的层面相应的考虑，万不可盲目地为陈设而陈设、为装饰而装饰。儿童活动场所应多做一些益智的、形体明朗的、色彩鲜明的、趣味性强的装饰与陈设，营造能激发儿童德、智、体、美、劳形式的环境条件。装饰与陈设还需考虑功能的对应性，宾馆的豪华与高贵，娱乐场所的轻松与活跃，医院的宜人与洁静，商场的悦目与和谐，办公室的庄重与干练等，适时、适地、适情地反映在环境中，装饰与陈设的考虑才能更好地运作。

3. 色彩设计与人的心理

室内空间中的色彩设计对于人的生理、心理的影响是通过色相的明度、纯度达到的。色彩在室内空间意境的形成方面有着很重要的作用，它服务于室内空间的主题，使空间获得情感，从而对人心理、生理产生影响来实现人与物之间的善意沟通，是人与物关系中重要的因素之一。色彩的运用，同其他因素一样，也要通过考虑功能、空间、物体尺度、大小、比例、高低、气候、民众、使用者等相关因素来定位。室内色调还应考虑光色、环境色、个性、功能用途、采光照明等因素。通常的色彩处理多是自上而下，由色，给人以距离远或近的感觉与

稳定的心理定式。调控好背景色、物品本色、基调色及重点色彩的关系，有助于突出轻感色到重感空间的主从关系、隐显关系，以表现空间的整体感、区域感、体积感、认识感，满足人们的心理要求行为定位。如对家具、陈设品、商品变动较大的空间，作为背景色、基调色的墙面、天棚、地面要求有较广泛的适应，或协调，或主从。又如工作场所多用白色、淡黄色、浅绿色或自然的色彩等高反射率的颜色，能提高工作场所的光亮度，使整个工作场所显得清洁、宽敞、美观，但同时，它也存在着不够安静、稳重等定向的感知。

鲜明的色彩和对比强烈的色彩，能给人以激励、活跃、不安定的感知效果，而中、低明度和低纯度的色彩，又给人以稳定、平和、朴素的感知。总之，色彩对人的行为影响是明显的，环境设计时运用色彩对比与调和的规律，按行为心理规律配色，就会使室内配色形成和谐悦目之感。

4. 声、光、热的控制与人的心理

技术设计是调节改善室内环境质量的重要因素，声、光、热的作用在任何环境中又是不可缺少的重要内容。带来室内声源的因素很多，诸如车鸣、谈话声、脚步声、撞击声、广播声、流水声、电流声……有些是有益的，有些是有害的，有些是人为的，而室内声传播的方式即是以一定的频率振动着的，它或高或低、或强或弱，使声音在直达、扩散和反射的统构中形成室内声环境。不同的功能环境有不同的声学要求，这就需设计师在其专业理论的指导下完成声学环境质量，即听得清楚，音质优美丰满，减少声能损耗或控制好室内混响时间，防止噪声产生。从这个技术角度上去动作，会提高工作人员工作效率，促进健康，满足参与者们精神情感需要。

（1）室内空间效果是通过光来表现的，光能改变空间的个性，使室内具有良好的光照环境。因此，室内照明是室内环境的重要组成部分。光有自然光和人工光源之分，光又是通过物体反射、强度实现照度要求的。光过暗会造成物环境的亮度减少，清晰度减弱，会带来寂静、秘密、恐惧和紧张等心理反应。光过亮，超过眼睛生理调节能力的范围，易使眼睛疲劳、眩光，损坏眼睛，也会有恐惧、惊慌、无助的感觉。

（2）控制光线与光秩序离不开功能需要与行为的考虑，在适度的照明基础上，局部改变光色与角度、面积与布局变化会增强突出、引导、强调的暗示作用，序列的明与暗的照度组合会统构空间，调解动静，抑制情绪。而在物体环境区域内容中对比较小或需要表现细小结构繁杂性的用光上的考虑更需要提高照度，以实现这方面的区别。

（3）温度的变化也需要适应人体生理机能的规律，

过高、过低都会危害人体健康，甚至有生命危险。室内环境的热传播有辐射、导热、散热等主要种类，诸如阳光、灯光、热水、电器、蒸汽、机器、摩擦等单一或综合的传播。室内的温度自然应有其相关的影响，控制温度是提高环境质量的一个标准。完善人需要热的考虑既可以节省能源及有效利用能源，带出个性，符合地域与空间构筑环境，又可减少副作用，有益于人类健康。

总之，声、光、热的考虑多是关于技术层面的，人与物的关系决定了设计必须从理性和感性两方面去解决问题，以人为核心综合地处理不同的技术要求，来达到最佳效果，环境的质量就会更能适应人的需要。从根本能源使用上考虑设计的方向，以人为本，资源共享，节约、环保的创造室内设计的新空间。

3.1.3 物与物

物与物的关系在室内设计中更多地体现在结构和构造两个方面。

结构是指各部分组成的力学关系，结构是构成环境的直接手段，优良的结构更加符合力学和美学规律，具有科学性。但结构的合理并不等于全部的美，要达到美学的高度取决于设计者的设计技巧和美学素养。优秀的设计一定是既遵循结构力学规律，又能适应于功能要求和美学原则。

各部分及组成的连接关系，是物之环境的直接反映者，所以应该很好地去解决其在经济、美观、实用、科学等方面进行的必要的细部设计，实现材料与技术、功能与秩序、技术与审美合理地去物化设计。重点在于"内"，反映在于"外"。

3.1.4 设计师的心理因素

空间环境设计人员的素质是影响空间环境的主要因素，因此研究建筑环境心理学不能不研究设计师的心理。现代社会，科学技术的发展和人们价值观念、生活环境、人际关系等都发生了深刻的变化，因而对设计师也提出了新的要求。设计师面对多元化的世界，也必须从各个方面不断完善自己，包括个性心理素质的发展。建立良好的设计师的个性心理品质，有助于设计师客观地发挥其积极作用，克服、抑制其消极方面，把自己培养成为有良好心理素质的设计工作者，从而为人类社会的文明建设做出重大贡献。

1. 设计师的需要和层面

设计师从事设计工作的原因是多方面的，如个人的兴趣、理想、需要、愿望、家庭的影响或历史的机缘等，无论在何种情况下设计工作都必然有其具体的动机。动机产生于需要，也就是说动机是由需要引发的。

一般说来，设计师的需要有以下四方面：

（1）生存的需要：人类的历史就是一部设计的历史，设计活动成为人类共同的生存需要。如今对于专业设计师来说，从事设计工作的一个重要原因，也有为了满足自身生存的需要。

（2）生活的需要：设计师在满足生存需要的基础上，设计工作往往着眼于提高自己和他人的生活质量，例如提供高质量的工作环境、居住条件、娱乐休息环境等。满足最基本的生活条件后才能进行更深入的设计工作。

（3）自我实现需要：设计师通过自己的工作，不仅能够满足生存、生活需要，而且能够获得一定的成就感，得到社会的尊重，享有较高的威望，以获得精神上的满足，并不断发展自己的知识、智力，尽可能发挥自己的才能，满足自我价值实现的需要。

（4）贡献的需要：现代社会，人们从事的每一种设计工作都是社会的共同事业，都同人类社会的发展有着密切的联系，设计师必须树立为人类自身发展和社会进步做贡献的崇高理想。具有这种思想和追求的人在现代社会已越来越多，他们必将成为社会的支柱力量和社会发展的推动者。

以上四种需要是现代社会设计师群体所共有的，只是在每一个具体的设计师的心里所处的位置和方式不同。

由于各种需要在各人心目中的地位不同，我们可以把设计师的职业层面分为两种类型：

第一类是仿制型动机。一般地说，持这种动机的设计师大都能安心工作、服从领导，但其最大弱点是缺乏创造力和远大目标，只着眼于眼前的经济利益，只满足生存和享受的需要。多数人安于工作现状，不思进取，上行下效，不谋求新的发展，而成为设计推广型的技术使用者，流行意识的推波助澜者。

第二类是创造型动机。具有这种动机的设计师把自己从事的设计领域看成是自我发展和获得成就的阶梯，以谋求个人的事业成就。这种人一般表现为富有朝气、工作积极、责任心强、思维活跃，力求以个人的勤奋和聪明才智取得较大的成就。这种设计师创造多于重复，令同行们纷纷效仿。

每位设计师的职业层面都并非只拥有其中的一种，往往是兼而有之、互制互动，主动创造的设计意识在他们心目中成为动力，他们就将成为我们所崇敬的真正的设计师。

2. 设计师的智能结构

设计师的劳动是创造性的劳动，因此要求设计师必须具备较高的认知能力、专业理论和技能，并且能够创造性地运用各种知识设计出符合人与环境的物化机能和精神需要的生活场所。

设计师的知识是他们长期学习积累的结果，他们的知识结构和水平无疑会对他们的设计能力产生相当程度的影响。在现代社会，设计师的智能结构已由单一层面向多学科多元化相融的方向发展。因此，设计师要广博众览、融会贯通，才能适应新条件下的设计工作。设计师在掌握设计领域内的专业知识的基础上，涉猎相关学科的知识也是必要的，诸如：

心理学的研究——知觉心理学、社会心理学、艺术心理学；消费心理学；建筑环境心理学等。

物理学领域——材料力学、结构力学、光学领域的有关知识。

社会学领域——社会学、经济社会学、住宅社会学、工业社会学等。

美学领域——技术美学、符号美学等。

还有生理学、思维科学、系统理论、情报学、市场学、经济学等。上述学科已不再是与设计师无缘的陌生学科，而是成为设计师根据自己的专业需要，有不同侧重的必要的专业知识。

设计师的基础知识已远远超越了一般结构和浅显层面的原理与法则，而从理、工、文、艺，从感性到理性，从形式到机能，从基础到应用，从满足到发展等，体现了设计师在创造世界的过程中，不断的进取意识和与日俱增的对应能力。设计的极致是创造，设计师如果没有文化的支持，尽管可以埋头工作，也不可能有高质量和开拓价值的成功之作。

3. 设计师的心理素质

设计师的认知能力影响其设计目标的有效性，其心理素质将在很大程度上决定其能否达到促进设计的有效性。因此，设计师的心理素质应不断地得到提升，来适应自身发展的需要。

（1）应具有良好的进取意识：设计师能够时常通过自我观察、自我体验、自我评价而获得正确的自我认识，把握自己的优势和个性，顺应时代和社会的需要。也应在实践中接受批评、更新知识观念，提高设计创造水平。

（2）应具有强烈的事业心、责任心：具备一定的知识和能力水平，是设计师为社会和他人服务的重要基础条件。设计师的责任心有赖于个人对社会的热爱、对他人的关心、对设计专业的心智投入。具备责任心的设计师一定会以不断进取的态度去迎接设计，来满足使用者的物理和心理功能的物化因素的需要。

（3）应具有持之以恒的忍受力：设计工作是一个非常复杂的系统工程。来自社会、生产、民众、文化、工艺、观念等多方面的困难、挫折也是难免的。设计师只有充分利用各种条件，不断完善自己的知识结构，提高自己的能力，才能在困难与挫折面前提高忍受力，建立起自信心。忍受力还时常同时间、失败相对应，使设计师在设计过程中承受着心理上的压力，设计师必须具备良好的心理素质，才能不断完善自己的信心，较好地适应各种环境，充分发挥自己的潜能，取得较好的设计效果。

图3-3　深圳市环保科普馆内景（一）

图 3-4　深圳市环保科普馆内景（二）

水景区

形象墙

展示角

展厅平面规划图

总展区

休息区

分展区

展厅立面规划图

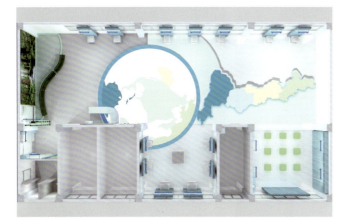

展厅鸟瞰图

展厅空间分布图

图 3-5　深圳市环保科普馆设计图

| 展厅现场照片 | 设计草图 | 效果图 | 施工过程 | 竣工 |

图 3-6 深圳市环保科普馆设计、施工、落成全过程

图 3-7 深圳市环保科普馆剪彩

3.2 人体工程与室内空间

在国际上，关于这一学问的名称有多种，其中有人体测量学、功效学、人体工效学及人类工程学等。其实，它们所研究的内容基本是一样的，都是以人为对象，研究人在作业、机械、人机系统、心理、环境的设计方面的应用问题，探讨人们劳动、工作效果、效能的规律性，以保证人类安全、舒服、有效的工作为共同目的。在我们的生活环境中，这一内容无时无处不在，深深地影响着环境的完美体现。

早在公元前 1 世纪，奥古斯都时代的罗马建筑师维

特鲁威就从建筑学的角度对人体尺度作了较为完整的论述。文艺复兴时期，达·芬奇创作了著名的人体比例图。最早对这一学科命名的是比利时数学家 Qvitler，他于1870 年发表了《人体测量学》一书。此后一直到1930 年，人体测量数据在漫长的历史里程中大量积累，但它并没有对人生活环境的设计起到什么作用。1921 年，日本人田中宽一提出了人类工程学的概念。1951 年麦克米发表了《人类工程学》一书，成为了人类工程学的奠基人。1961 年，在斯德哥尔摩召开了第一届国际功效学年会，成立了国际功效学联盟。

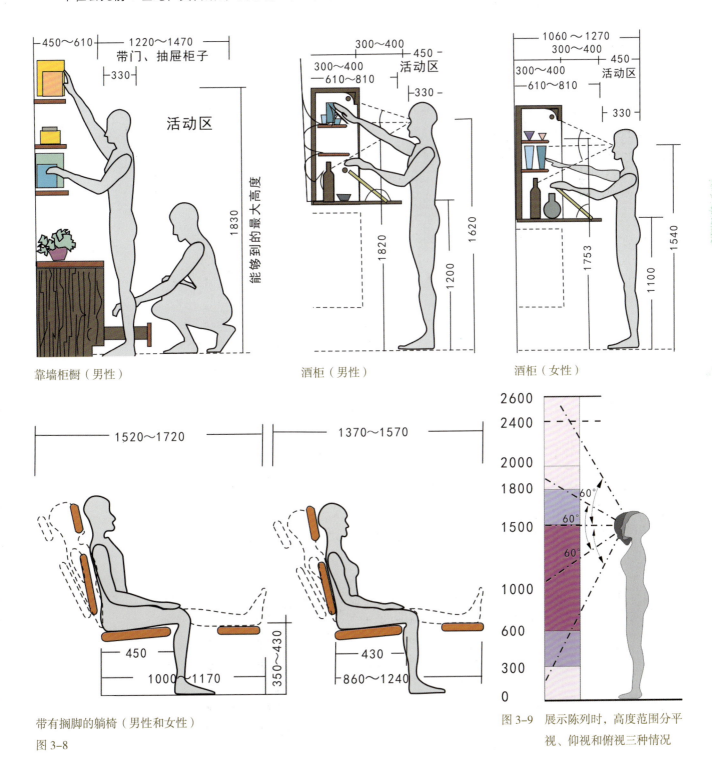

靠墙柜橱（男性）　　　　酒柜（男性）　　　　酒柜（女性）

带有搁脚的躺椅（男性和女性）

图 3-8

图 3-9　展示陈列时，高度范围分平视、仰视和俯视三种情况

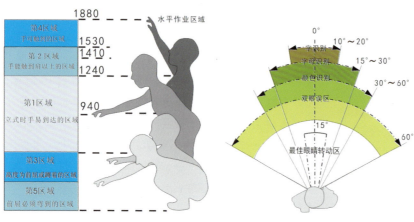

图 3-10 展示活动中的操作尺度

图 3-11 人的水平方向视区

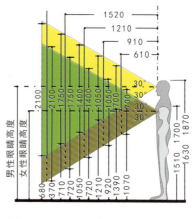

图 3-12 人的垂直方向视区

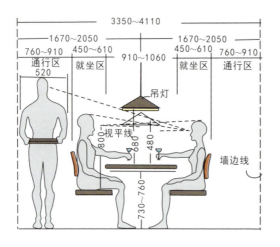

图 3-13 最小用餐单元宽度

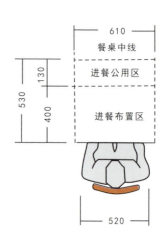

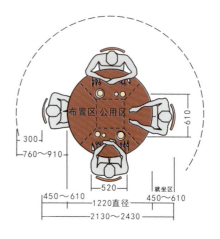

图 3-14 四人用圆桌尺寸

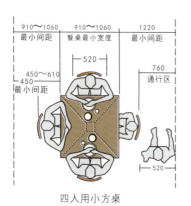

四人用小方桌

图 3-15 四人用方桌尺寸

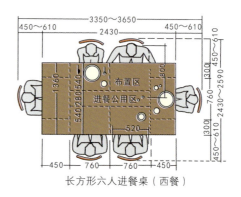

长方形六人进餐桌（西餐）

20 世纪 40 年代，这一学科首先在军事、航空工业被采用。逐步得到广泛的应用后，从理论时代进入到应用时代。尤其在工业产品、建筑和室内方面，设计师为提高环境质量，满足人类生活、工作、学习、娱乐等方面的条件与环境的需要，利用有限空间，在节约面积、合理使用、提高工作效率、经济、舒适、安全等方面，取得了重大的成就。

现今社会发展向后工业社会、信息社会过渡，人体工程学从人的自身出发，在以人为主体的前提下，研究人们的衣、食、住、行以及一切生活、生产活动。在室内设计中谈人体工程学，是以人为主体，通过人体计测、生理计测、心理计测等手段和方法，研究人体结构的功能、心理、力学等方面与室内环境之间的合理协调关系。以人身心活动的要求，获得最佳的环境使用效能，其目标是安全、健康、高效能和舒适。以科学的方法对人类身体与心理进行准确的数据求证，将其合理地应用在室内设计环境中，具有一定的深度和广度。

依照计测数据，从人体的尺度、动作域、心理空间以及人体生理计测，来寻求人与人在室内活动中所需要的合理空间范围。以人体尺度为主要依据的还有人所使用的设施，它们的应用，同样来自对人的形体、尺度及其使用空间范围的计测，这一计测给人们提供了适应人体的室内物理环境的最佳参数。室内物理环境主要有室内热环境、声环境、光环境、重力环境、辐射环境等。进行室内空间设计时有了上述要求的科学的参数后，就有了正确的依据和合理的决策。（图 3-8~ 图 3-15）

所以说，室内空间设计是为人服务的，设计师进行设计时，须从每一个要素细节去认真考虑，以功能和生活方式为核心，构筑一个使用合理、经济平实、减少体能、安全便捷、舒适愉悦的绿色环境。在从事设计过程中，对人体本身的尺寸以及肢体活动和心理感受及周围物化形式的定位要高度重视。可以说，人体工程是一切室内空间设计展示的根本，时刻都影响着设计。这一点无可非议。创造艺术科学的办公空间，给人轻松愉快的工作环境。（图 3-16~ 图 3-19）

3.3 室内设计对空间与功能的研究

建筑师所作的一次建筑空间设计是有功能相对应的，而二次室内空间设计时，产生了两种层面的承接关系。一是建筑设计时与旧功能相一致，二是新功能需要使原空间不相适应。两种层面相矛盾时促使室内空间需要设计和装修，使室内空间设计形式与人的自身审美要求及使用价值相一致。在实体的空架子和由它所限定的空间中，如何能使它符合行为心理的需要，创建一个舒适、方便、高效、合理、安全、经济、个性化的室内空间设计环境，将取决于对空间形式与体量等功能因素的深入研究和定位。

空间原来是有大有小、无边无形的，但经过人为的限制，形成有规矩的几何形和无规矩的几何形，有宽窄、长短、高低，有"实""虚"。把它限定在适合的有界

图 3-16　深圳大学桌球室（设计者：张岩鑫 陈红）

图 3-17

图 3-18

图 3-19

定因素认定的有限和有形有体量的室内空间，为人生存
和生活提供着必要的条件。

　　建筑的室内空间类别有三类：

　　（1）空间的：通过围合、覆盖中介建立的"虚体"，
是有形、体、量的空间场域。

　　（2）实体的：是封闭的相对实体占有空间。

　　（3）感知的：是超越人体机能使用的空间存在。

　　空间的和实体的空间概念，是说明此时此地构成
因素的物化条件，既有由顶面、地面、四壁墙立面及
能说明限定围合特征的界定条件，又有其自身占据空
间体量的变化因素。而人的感知体验是借助界定因素、
材质、形式、比例、光、尺度等内容综合统构，通过
心理作用和肢体感受来呈现。人的听觉、视觉、嗅觉、
触觉、感觉感性地融入空间，对空间概念进行了重新
认定。因而，空间中这种人对物化实体限定的空间超
越，成为了可感知的创造空间的另一种构成因素。（图
3-20）

　　无论是哪类空间的存在，它都是以其形、体、量来
实现场域感的，人在其中是衡量和体验空间的基本元素。
规矩的几何形与不规矩的几何形空间、封闭与开敞的空
间、实体与虚（体）拟的空间、大小、长短、高低、窄宽。
空间组合是包容、邻接、序列组合的不同形式。涵盖着
内在秩序，体现着构成形式的体、形、量同人类空间的
使用功能和行为心理。这些都将给空间定位带来主控的
影响。空间为其功能而形成，形式为空间而定位。

　　人对室内空间的功能要求有两类：

　　（1）生活需要功能：为满足生存和生活使用的条件。

　　（2）精神需求功能：心灵寄托的寻求。

　　生活的功能限定着形式，形式影响着功能的发挥，
两者是互动互制、相辅相成的。尤其我们生活异彩纷呈，
生存需要的空间不胜枚举。因而，室内空间设计的形式、
状态层面也会随功能的发展而层出不穷。

　　尽管环境形态极为复杂多变，整体空间的构成作为
一种物化形态的建立，都充分地体现了实用功能与人的
关系。综合营建性是促成物质和技术的条件，特定社会
文化的背景下，是人所认知的环境场所。

　　室内空间设计，在认知其基本的构成因素后，随之
而来的是关于空间相关因素的直接体现，这是在具体定
位时一定不能忽视的。如空间中关于人体工程学的尺度
要求、经济要求、环保要求、文化要求、个性要求等，
这些形再作用于人的感官，使承受者透过这一空间环境
的表现形式来认定环境的内容，增加其设计语言的表达。

　　在对空间与功能的定位上，我们可以试从这样的角
度去思考：

　　空间的大小、高低、宽窄、长短与使用功能的关系。

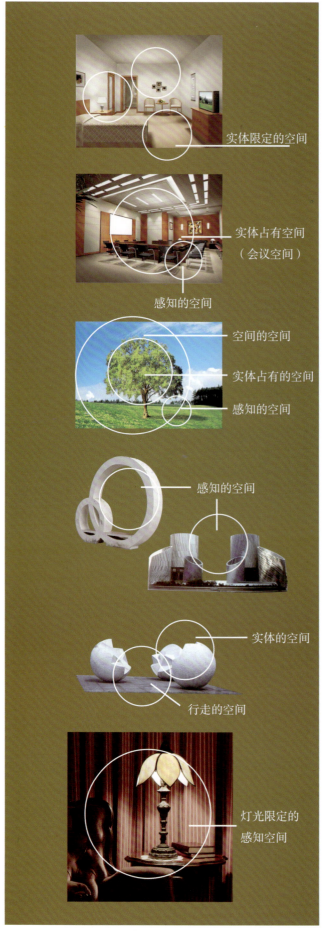

实体限定的空间

实体占有空间
（会议空间）

感知的空间

空间的的空间

实体占有的空间

感知的空间

感知的空间

实体的空间

行走的空间

灯光限定的
感知空间

图 3-20

空间的型制与使用功能的关系。

空间的序列与组合同使用功能的关系。

空间内之空间的关系。

实体空间限定与虚体空间的限定比例。

动态与静态活动对空间形式的影响。

3.4 室内设计对界面与形式的研究

界面在室内空间中是二次设计的形式要素。如，室内的地面、墙面、顶面、柱子、使用物的周边面等形成空间组合最基本的构成元素。每一界定要素的呈现，又都是一个个设计单位元素集合的表现。它有来自材质的、结构与构造技术的、色彩的、灯光的、造型形式的和行为心理感知的多方面内容。它既有二维和三维形式，又有四维空间的定位，综合的形式确定是完善设计中关键的一个环节。

界面营建的考虑应遵循以下几个步骤：

第一步，应从整体空间中图式化角度去认知。几何形轮廓线的单元外形，限定了人们感知的界面区域、形状、大小、线条与形式，担当着围合空间介质的界面图式结构的"身份"，从感知出发，带出大界面的肌理成因和形式意向，从小到大、从实体到虚拟、从封闭到透明、从少到多、从单一形式到组合形式、从二维三维到四维

的定位，融入各类空间的围护结构，形式不同的区域或整体限制，表现着特定的语言定义。

在一般意义上，界面的区域，它的"内"设计更是元素"身份"表现的"地方"。从单一二维结构的"内"与"外"来看，面与面的接触是用线的形式表现的，既表示了轮廓，也表述了某种情感或结构秩序。

图式区域内主导的水平线型的界面形式，能给人一种平和、宽广、稳定、拓展水平空间的定向感知（图3-21）。图式区域内垂直线型的界面形式，给人一种崇高、挺拔、拓展垂直空间的定向感知。规整的几何形界面又给人一种庄重、简洁、诚实的定向。不规矩的几何形图式界面，给人一种跳跃、活跃、运动的意向（图3-22～图3-24）。而曲张型图式界面又能给人一种速度、优美、暗示的定向感知（图3-25～图3-27）。

从三维成因上看，实虚、肌理、材质、色彩、结构、光影、造型又会促进区域内图式界面的表现语言的丰富。粗糙和厚重感的界面表现，表现出一种稳定、安全、有力及视觉中心的机能秩序。轻质和透明的界面定位，会表现出一种放松、遥远、优雅、通透的定向。建立柔软和光滑的界面区域，使人定向感知自然、人情化、放松、距离和速度。冷硬感的材质与界面定位，使人定向感知到严肃、气派、机械、冷漠。

图 3-21

图 3-22

图 3-23

图 3-24

图 3-25

图 3-26

图 3-27

在三维定位中，小的界面被大的界面所包含。同门窗、线角、装饰物、隔断、家具、设备等元素有条件地组合，形成总体概念的界面秩序，使人们对空间界面的三维领域中大小、尺度、风格、机能、空间序列及各类功能场域有了重新认知和形式定位。

再从四维空间上看，室内空间界面与形式，还体现在时空关系的介入上。人利用知觉作用，在时间与速度的流动上，使界面界定在不同的空间层面位置上、时间差别上，带来不同的设计形式与相同的设计语言。这样，界面的组合与交接、面积与肌理、位置与材质、节奏与均衡、装饰与形式会让人感受到不仅仅是一个空间实体的整体区域效果，还将会形成新的、清晰的视觉秩序和机能信息的综合载体。

第二步，从色彩的角度去创造。界面的完善体现在光与色的营建上。我们知道，没有光会看不见物体与时空世界。光是由光谱色混合得来的，光的波长折射率不同，会呈现出各自的红、橙、黄、绿、青、蓝、紫7种光谱色。光谱色有时直接进入我们的眼中，但多半是照射到物体上后，变成反射光或透射光再进入眼里。表面反射光而呈现色，称为表面光。像颜料中的红色，在近似白色光的光源照射下，红颜料不反射绿和蓝，主要反映红色的光，我们的眼睛看到的红色的色彩感觉，就是反射光或透射光的作用产生的。

认知时空物象，一个得有"形体"，一个是用色彩。

大千世界，客观的物象色彩和人为色彩十分丰富，在有限的室内空间中，色彩的运用，是创造感知空间的重要因素。色彩与需求极为相关，一般来说，空间色彩要根据功能空间的不同、大小的区别、界面的材质、地域的影响、主人的个性与生理要求来具体设计与定位。

界面色彩的定位与空间色调的定位是极为相关的。室内整体环境是暖色调，是冷色调，还是亮色调或暗色调，界面色的形式只是其中的一个组成部分。色彩的运用，是增强表现情感、性格的重要介质，是温馨、诚实、严谨、豪华，或是活泼、青春、浪漫、自然、平凡和朴素。室内空间中地面、墙面、顶面、隔断、柱子、家具等各界定界面的色彩，有时只是为陪衬主体家具服务的，有时它又是空间中的视觉中心。关键主题表现的是什么？在哪个位置？与其他因素的关系又是怎样？回答好这几个问题，我们才能对待好界面的色彩设计。

室内整体色彩创意，是各界面色彩的综合体现。色彩有三要素（色相、明度、纯度）。色彩又有二重性（固有色、条件色）。色彩还有它自身的应用规律（对比方法、调和方法）。色彩既有二维三维的应用，又有四维时空条件的定位，这是它最显著的室内环境的应用特点。

形成空间整体色调的定位，不外乎有三类方法：

（1）色系色类：利用某类色性，作为主控色相，在明度和纯度上进行相互关系的调整，如暖色色系、冷色色系、中性色色系等。（图3-28～图3-30）

图3-28

图3-29

图 3-30

图 3-32

图 3-31

图 3-33

图 3-34

图 3-35

图 3-36

（2）对比色类：利用两种或两种以上的色相进行配色，但必须服从某一主控色相统筹环境，如红与绿、白与黑、亮与暗等。（图3-31～图3-33）

（3）类似色类：用"色环"上相邻的色彩进行配色，也可对单一色进行明度与纯度的表现，如浅黄、深黄、土黄、白、碣黄等。（图3-34～图3-36）

无论怎样选择各界面组合的配色，在考虑功能、习惯、生活、个性、机能等色彩目标定位时，需要重视整体空间中色彩三维、四维空间的明度秩序关系，即空间呈现的"黑、白、灰"几级色彩明度变化，把握住室内色彩环境的变化与统一。诸如类似的关系，提示如下：

地界面色呈低明度、家具色呈低明度、墙界面色呈中明度、顶界面色呈高明度等。

地界面色呈中明度、家具色呈高明度、墙界面色呈中明度、顶界面色呈低明度等。

墙面色呈低明度、阳角线和门窗及门窗套线色呈高明度、窗帘色呈中明度、中明度色彩的坐具、低明度的背垫等。

光可分为自然光和人照光源，它们是各界面整体色调的构成和营建，起着关键的影响作用：强调重点，带出节奏，改变色性，控制界定区域等。光是很好的辅助设计语言。相反，光的改变也会在界面材质与色彩定位上有所作为。诸如，在老年人卧室中，为了明确光线关系，在界面材质与色彩上面，应尽可能多用乳白、藕荷、浅灰色调，这样就会使室内光线明亮适中，不会产生较强的耀眼光线效果和较暗的低质量光环境。

第三步，从综合构置物上去操作。完全"净面"的界面形式，一般在室内空间中是较少的。主题性的、建筑性的、陪衬性的界面，使得界面构成概念的内涵层次丰富，对线角的、机能的（台级、柱子、隔断等）、二维图案的、灯光的、布艺的、挂饰的、摆饰的、吊饰的等空间界面形式的界定，从机能角度、装饰角度、陈设角度都能使单一界面的形式语言系统化和功能化。

利用以上元素去统构空间，能建立起不同层面形式的空间模式，并满足人们各种生活功能和精神功能的需求（图3-37～3-40）。

图3-37

图3-38

图3-39

图3-40

　　总之，室内空间中，各界定要素的塑造，各单元从中起的作用不尽相同。将何种形态、何种形式加入这个环境中呢？又如何去体现业主与设计师的要求呢？设计师在认真对空间环境的整体进行把握的基础上，有目标、有方向地进行统一计划，来支持相关行为方式的建立，使具有审美秩序的室内空间设计的形象，形成个性化的定位，符合客观整体的需要。此外，还要对各个细节、局部环节进行深入设计，使之具有文化内涵，让构成空间的界面形式同功能与审美合二为一，这才是室内二次空间设计的关键。

　　界面的同质和异质、同形与异形、高低与错落、纵横与时空、有序的形式，有助于改善和营建合理的空间的机能因素，封闭、开敞、实虚、厚薄、动静、主从、运动，层次清晰，秩序井然，从而，界面要素的创造成为室内气氛与个性的有效成因所在，许多有意义的细节经营，在空间中必会营建出整体氛围和品位，给人以完美的印象。

1. 地面设计

　　地面在室内是空间特征的重要影响因素，从自身构成的条件来看，首先取决于平面与垂直定位的空间创造；其次是材料本身因素（光滑、粗糙、硬软、轻重）表现；再次是构成视觉形象的（色彩、图案单位组合结构与边际限定等）因素营建。这些令表现地面界面设计的语言多元化，使其因素的表现力参与空间艺术的塑造，并扮演着重要的角色。（图3-41～图3-43）

　　地面设计考虑的主要内容如下：

　　地面材质与功能需求的利弊。

　　地面可否有结构变化、地面的图案形式与风格。

　　地面构成结构的比例尺度和设计内容的关系。

　　地面色彩定位和引导行为活动的动机。

　　地面材质与地域因素综合考虑。

　　地面设计定位与经济实力。

　　地面设计与使用者状况和层面。

　　地面定位与维护。

　　地面材质定位与心理因素。

　　地面设计的长期发展与环保要求等。

2. 墙面设计

　　墙面是维护空间侧立面的连续界定。不同的场所、不同功能范围及设计之要求，产生的存在方式是不一样的。只作为背景方式存在是多见于常规之中的，而把某一侧墙面作为视觉中心来定位考虑也是必需和客观的。侧立面的形式存在，一定要在充分研究人与空间及同功能的条件后，运用比例、尺度、色彩、对比、材质、结构、构造、形式，创造出适人适需的设计形式目标，才能增

图 3-41

图 3-42

图 3-43

图 3-44

图 3-45

图 3-46

强空间整体艺术效果。（图 3-44，图 3-45）

墙面设计的主要关注问题如下：

墙面可利用范围定位。

墙面与不同功能空间处理要求和方法。

墙面与视觉中心的定位。

墙面材质与造型语言的考虑。

墙面秩序构成与功能分区的联系与区别。

墙面的机能怎样（隐藏设备、电线电缆、排风管线等）。

墙面与门窗及细部处理（收口、延续形式等）。

墙面与空间机能的关系（与空间互动并配合实用功能）。

墙面的装饰因素处理。

墙面的色彩定位和灯光的影响因素效果定位。

3. 顶面设计

顶面同地面一样，是平行于人上下两端的一对大界面之一，它统盖下来，给人以安全感。

顶面也是封闭设施与展开设备的地方。顶面又是可以营建空间个性与品位的地方。但总的说来，顶面应根据不同的原空间结构和不同的新功能需求，适时、适地地去统构，不可凭主观定位去实现设计，它终究是附属于空间功能的界面而已。

顶界面的设计，不宜过于复杂，除了特殊环境的特殊构造、限定空间中心区域或形成一定形式结构、产生了某种方式以外，应力求简洁才是根本。

在多种环境室内功能要求下，顶面的重要设计是通过它把人们的视线控制在人可平视及俯视的区域内，观看重点内容；满足人舒适、安全、便捷地使用周围环境的心理需要；通过提供这样的生活行为条件，带来欣赏环境审美的精神需求。（图 3-46，图 3-47）

顶面设计的主要关注问题如下：

顶面高度与空间关系。

顶面处理形式与功能需要。

顶面处理时对设备隐藏的考虑。

顶面的材质选择与心理需求。

顶面造型与风格。

顶面结构构造处理与空间机能怎样。

顶面对设备维修问题怎样处理。

顶面可否建立空间视觉中心及可促成条件等。

4. 柱子及隔断

在室内空间中，这类空间界定元素是显而易见的，或多或少，但都在主要位置上。对于它们界面形式的考虑，不外乎从功能、心理需要去界定，发挥出它们的空间界定作用。由于它们多是呈现于对空间内空间的形式构成，所以，它们对空间风格的形成和丰富其秩序与层次，都具有其他界定空间环境媒介所不可替代的作用（图3-48，图3-49）。

柱子及隔断的思考提示如下：

柱子"显"与"隐"的空间计划。

柱子形态如何、数量、点、线、面的空间定位怎样。

柱子与空间功能的机能作用。

柱子与空间的视觉中心问题。

柱子在空间中不同位置的相应设计对策。

柱子同整体空间风格问题。

柱子界定同其他功能需求的功能相加性。

隔断设计的必要性。

隔断的高低与空间认知。

隔断的材质、色彩与小环境营建。

隔断的组合性。

5. 家具、布艺及其他

家具、布艺、工艺品、工业产品、植物等在作为界面构成因素时，它的价值就不仅反映在其实用功能上，参与空间机能，融入界定之中，也许还将成为空间中主控的界定介质。因此，对其色、形、体及组合，不可轻视。（图3-50，图3-51）

家具、布艺等思考提示如下：

家具宽窄、高低、色彩与空间的再创造。

家具是否具有灵活组合性。

家具能否成为隔"墙"。

窗帘的挂法与形式效果的界定。

窗帘图案在室内空间中的统一性如何。

工艺品的型、色与装饰的表现如何。

利用家具划定区域空间的感知怎样呈现。

家具成为空间的主界定元素。

图 3-47

图 3-48

图 3-49

图 3-50

图 3-51

思考与练习：

　　1. 绘制人体工程行为动作图，标注常规人体尺寸。

　　2. 绘制老人、男性、女性、小孩的 3 ~ 5 个动作图，标注尺寸。

4

室内设计的历史流派与风格流派

教学要点

本章以时间为轴，依托各历史时期的社会大背景，纵向分析不同时期的室内设计流派及其特征，引导学生通过了解其风格的变迁，探寻人类文化与文明的发展脉络，为今天的设计实践提供借鉴。

4.1 设计与风格

历代室内设计的艺术风格，总是具有时代的印记，犹如一部存在于空间环境之中的大型的、直观的、生动的、全面的无字史书，它反映着一个时代的人类文明与历史文化的深刻内涵。每一时期的室内设计从设计构思、施工工艺、装饰材料到内部设施，必然与当时社会的物质生产水平、社会文化和精神生活状况联系在一起。而在室内空间组织、平面布局和装饰处理等方面，从总体说来，也还和当时的哲学思想、美学观点、社会经济、民俗民风等密切相关。在悠悠的历史长河中，前人为我们留下了深厚的文化遗产，有待我们去深入发掘其价值所在。

然而，在当今的室内空间设计中有很多只单纯地附加、照搬古代文明符号，把各个时期常规设计元素语言不伦不类地拼凑组合在一起，抛开了空间功能与现代人的思想定位，远离我们的生活方式，这样的设计绝不是科学设计的开始，此类方法在设计上最不可取。在室内设计中对历史借鉴，不单单只是形式上的模仿，更重要的是从传统精神层面对其进行深入的领会、挖掘与借鉴，正确把握它的各个历史时期的因素、特点与形式。在对传统文化理解消化的基础上，为我们的设计分析和创作

带来启迪。作为设计，既要强调历史性与文化性，同时还要提炼出适应当今时代特色的元素，从而通过设计师的作品表现来改变全社会对传统观念的旧认识、引导新认识。这是我们今天的设计者所追求的，它也是现代设计的可持续发展中非常关键的一步。

下面，就室内设计历史发展的有关脉络作一下简要介绍。

4.1.1 古代部分

1. 古代埃及的室内设计

在人类文明发展的历史中，能够考察到并有史料记载的最早的完整的室内设计出现在古埃及王国。

古埃及有代表性的室内设计有两类：一类是贵族府邸、宫殿；一类是神庙，它们的型制已经很发达。

府邸的典型型制是：有几层院落的内院式布局，主要房间辕北，前面有敞廊与室外相连。平屋顶，大小房间之间有高低差以便开侧高窗通风。朝院子开门窗、外墙基本不开窗，力求和街道隔离。主要房间和院子同在住宅的轴线上。府邸大抵采用木构架，柱子富有雕饰，有的把整根柱子雕成一茎纸草的样子（图4-1）。室内空间宽敞，但家具有限。墙壁装饰和纺织品的原料色泽鲜明。家具轻便简单，大部分可折叠便于携带，比例适中，大小匀称，雕饰适度典雅无比。皇帝的宫殿和府邸在型制上相差无几，有明确纵轴线的纵深布局，纵轴的尽端是皇帝的宝座。宫殿用来举行重要仪典的大殿相当大，内部塞满了柱子，宫殿仍是木构，砖墙面抹一层胶泥砂浆，再抹一层石膏，然后画壁画，题材主要是植物和飞禽。

蓬花束茎式　　　　纸草束式　　　　纸草盛放式

图 4-1　古埃及常见的柱子形式

图 4-2 a　卡纳克阿蒙神庙

图 4-2 b　帕台农神庙

天花、地面、柱子上也都有画，非常华丽。宫殿里处处陈列着皇帝和他妻子的圆雕。

公元前21世纪后，埃及政权政教合一，皇帝成为太阳神的化身，皇帝的神庙成为崇拜皇帝的象征。因此，神庙逐渐取代宫殿、府邸成为这一时期突出的建筑。

典型的古埃及神庙一般以中轴线为中心，呈南北方向延伸，依次由塔门、立柱庭院、柱厅大殿和祭祀殿以及一些密室组成，形成了连续而与外界隔绝的封闭性空间。这种纵深的结构使得神庙有无限的延伸感。

其中柱厅大殿成为室内设计史上最伟大的奇迹。大殿室内，密布着众多高大粗壮且直径大于净空的柱子，人在其中处处遮挡视线，使人觉得空间无穷无尽。柱子上刻着象形文字和比真人大几倍的人像，可以想象其气势给人带来的自身渺小和微不足道的感觉，自然给人一种压抑、沉重和敬畏感。大殿中央两柱子高出其他柱子，形成高侧窗从而达到采光目的。天花板模仿着天空，在蓝色的背景上点缀着许多星星，在当中画着展开双翅的神圣的鹡鹰。埃及神庙中最为著名的是卡纳克阿蒙神庙（图4-2a），也是当前世界上仅存的、规模最大的庙宇。图（4-2b）所示为另一著名庙宇建筑帕台农神庙。

2. 古代爱琴地区的室内设计

公元前2000年左右，在爱琴海上的克里特岛、希腊半岛上的迈西尼和小亚西亚的特洛伊出现了早期奴隶制王国，并先后再现了克里特和迈西尼为中心的古代爱琴文明。这一时期的建筑，尤其是室内设计具有独特的艺术魅力。其中克里特岛上克诺索斯的米诺斯王宫堪为杰出的实例，它的特点是：平面的布局相当杂乱，以一个60m×29m的长方形院子为中心，另外有许多采光通风的小天井，一般是每个小天井周围的房间自成一组。宫殿地势高差很大，内部普遍设楼梯和台阶。房间内部开敞，室内外之间常常只用几根柱子划分。房间也是这样，每一组围着采光井的房间中，有一间长方形房间，称为正厅，以较窄一边向前，正中设门，门前有一对柱子。大门型制独特，为工字形平面，中央横墙上开门洞，有时前面设一对柱子，夹在两侧墙头之间。房间墙的下部用乱石堆砌，以上用土坯，墙里加木骨架，墙面抹泥或石灰，露出木骨架被涂成深红色。柱子的柱头大多是肥厚的圆盘，圆盘上有一块方石板，下面有一圈凹圆的刻着花瓣的线脚，柱身为红色，上粗下细。细长比为1∶5～1∶6，这种柱子曾影响到早期的希腊建筑。

3. 古代希腊的室内设计

公元前11世纪，继爱琴文明被湮没了三四百年后，在希腊岛上逐渐出现了三十余个城邦式奴隶制王国，并形成自称为"希腊"的统一民族和文化。到公元前5世纪中叶，希腊文明达到鼎盛，希腊人在各个领域都创造

出令人瞩目的充满理性文化的光辉成就。希腊建筑艺术也就在这个时期形成它的系统，从美学的观点上来看，它至今都是完美的建筑成果，更是随后世界各地出现的许多建筑风格的基础。古希腊建筑所取得的辉煌艺术成就，得益于希腊文化中蓬勃昂扬的人文精神。这种精神一是表现为对人和人体的关怀、赞美和尊重，二是表现为对人的审美感受的强调和张扬。在它们的影响下，古希腊建筑处处焕发出人性的光辉。

希腊是泛神论的国度，在其国土上衍生出的神话传说，是人类文明宝库中一颗光辉绚烂的明珠。为了膜拜众多的神灵，希腊人建造了大量的殿宇，这不仅促进了建筑技术的发展，而且使"神庙"成为当时最重要的建筑类型之一。典型的希腊庙宇是一个简单的且没有窗户的长方形石砌建筑，四周则是石头立柱形成的围廊，或者在前面短边亦或前后两短边外墙入口处形成列柱式柱廊，屋顶是木屋架，两侧形成三角形山花，石砌的山花上有主题性圆雕。

古希腊柱式是石柱构成的典范。在古希腊的建筑中，无论是柱头柱身还是柱下的基座，不同的地区形成的柱式都有自己统一的形式、比例和相互组合关系。经典的古希腊柱式共有三种基本的样式，它们是形成于多立克族地区的"多立克柱式"、形成于爱奥尼族地区的"爱奥尼柱式"和具传由雕刻家卡利马科斯发展创造的"科林斯柱式"（图4-3～图4-5）。柱式的形成，是古希腊对西方建筑艺术的一大贡献。

区分这些柱式的标志是它们某一特殊的设计形式及高水准的檐部特征。多立克柱式简单朴素，有明显的收分和卷杀，使得柱身上细下粗且有弹性，显得粗壮有力。柱下没有柱础，只有三层朴素强阶形成台基。柱身有20个凹圆槽，相交成锋利的尖棱。柱头是简单而刚挺的倒立圆锥台，并通过方形的檐底托板与额枋相连，再往上是采用高浮雕装饰的檐壁。多立克柱式概括了男性的体态与性格，认为是强壮、庄严而纯洁的象征；爱奥尼柱式柱身收分和卷杀不很明显，24个凹凸槽相交成平棱，柱下有富有弹性的柱础。柱头是精巧柔和的涡卷。额枋、檐壁和檐冠上有多种复合曲面的线脚、雕饰和薄浮雕。与多立克柱式相比，爱奥尼概括了女性的体态与性格，显得娇柔、典雅和妩媚，象征女性美；科林斯柱式形态更复杂，更修长，更有女性之美。除了柱头外，其他与爱奥尼柱式相同，它的柱头是由忍冬草的叶片围合组成，精制而复杂，显得更富丽堂皇、细腻优美。

古希腊建筑体现着静穆、亲切、和谐、均匀、秩序的美学思想，这是一种理想的美，它来自古希腊人的理性精神。古希腊的哲学、逻辑学、物理学、天文学和数学都很发达。无论科学还是艺术，希腊人都讲究"数"

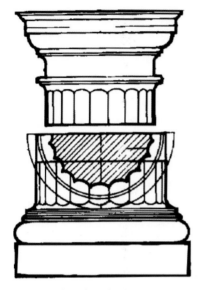

图 4-3　多立克柱式

图 4-4　爱奥尼柱式

图 4-5　科林斯柱式

的和谐关系。于是希腊人不仅发现了"黄金比"分割值，而且在包括建筑设计在内的艺术创作中始终遵循着数的比值观。

总之，古希腊建筑艺术，在西方古建筑艺术中可以说是无与伦比的，后来的包括古罗马在内的西方古代建筑，都是以古希腊建筑形式为范本。

4. 古罗马的室内设计

古代罗马原是意大利中部西岸亚平宁半岛的一个小城邦。公元前 6 至前 2 世纪罗马共和国逐渐崛起，它先后统一了意大利，吞并了希腊，到公元 1 世纪一跃成为横跨欧、亚、非的大帝国。从此古罗马的建筑取得了辉煌的艺术成就，它不仅广泛传播于当时的西方世界，更和古希腊建筑一道，被一代又一代的西方建筑家虔诚地奉为经典。

古罗马建筑采用希腊的柱式并略作变化，尤其采用的是多立克柱式，但在立柱比例上作了些调整，并且加上了柱座。古罗马人对富丽堂皇的科林斯柱式比较偏爱，往往在设计中作为最宠爱的部分加以采用。古罗马人还创造了塔司干柱式，还将科林斯与爱奥尼柱式的柱头相叠加形成更加复杂华丽的组合柱式。

古罗马在建筑结构上，普遍采用券拱技术，半圆形券、筒形拱、穹顶、十字拱、拱顶体系成为古罗马结构形式的代表。在构图形式上，他们又发明了券柱和连续券两种形式。

罗马帝国是世界古代史上最大的帝国，兴建了许多规模宏大且具有鲜明时代特征的建筑，其中万神庙成为这一时期最杰出的代表。（图 4-6）

万神庙最令人瞩目的特点就是以精巧的穹顶结构创造出饱满、凝重的内部空间——圆形大殿。大殿直径与高度均为 43.3m，按当时观念，穹顶象征天宇，它中央开了一个直径为 8.9m 的圆洞，象征着神的世界和人的世界的联系。内表面分为两层，上半部半球形穹顶做五排接近方形的藻井，逐排收缩，上小下大，增强了整个穹顶圆面深远的效果。下半部二分之一高度之下，按黄金比例做两层檐部线脚划分，底层墙体内沿圆周发了八个大券，其中七个下面是壁龛，一个是大门，并立一圈科林斯圆柱，壁龛内安放雕像。阳光呈束状从顶部圆洞射向殿堂，随着太阳的移动，射入光线因其角度的改变而产生强弱、明暗和方向上的变化，依次照亮七个雕像，使人如身临苍穹之下，与天国众神产生神秘感应。万神庙的室内处理主次分明，虚实相映，整体感强。万神庙是极富有艺术感染力的室内空间形象，代表了古罗马建筑艺术和技术的高度成就，在室内设计史中占有十分重要的地位。

古罗马住宅沿袭了希腊晚期的明厅式住宅，很有特

图 4-6

图 4-7

图 4-8

色：房间围绕着一个露天的中间天井布置，中央一般有一注水池（图 4-7）。由于房间少有或根本就没有窗户，整幢建筑或大部分建筑的光线则靠中庭来提供。豪华的住宅常常还有精致的墙壁装潢，不仅窗户用大理石镶嵌，还使用油漆，一般均漆成黑色、金色或一种称之为庞贝红的淡红色。壁画一般为现实主义的众多日常生活风貌的表现，甚至有些是具有透视效果的主题画。当时马赛克工艺已得到高度发展，成为铺地装饰的一种手段。

古罗马建筑及室内设计对以后欧洲、美洲乃至全世界的建筑及室内设计都有深远的影响。

5. 中世纪时期的室内设计

公元 5 世纪—15 世纪资本主义制度萌芽之前，欧洲的封建时期被称为中世纪，时间跨度约为 1000 年。宗教建筑在这个时期成为建筑成就的最高代表，基督教堂和修道院便成为中世纪欧洲建筑的主体。

（1）早期基督教式设计。

在罗马帝国迁都后的帝国西部，分裂后的西罗马帝国以及西罗马灭亡之后长达三四百年的西欧，建筑类型主要是基督教堂，史称早期基督教建筑。公元 4 世纪初，罗马皇帝君士坦丁承认了基督教的合法地位，并宣布它为"国教"。此后，罗马各地开始兴建教堂，基督教建筑由地下转移到了地上。早期的基督教堂从古罗马的"巴西利卡"发展而来，故被称为"巴西利卡式"教堂，圣玛利亚教堂是其中的典型代表（图 4-8）。

圣玛利亚教堂屋顶为木质结构，内部由 3 ~ 5 个长廊组成，中间长廊宽而高大的是中厅，两侧窄而低的是侧廊，光线从左右两边的天窗射进中厅。巴西利卡式教堂的外观极为简朴，内厅却相当华丽。教堂采用了建立在古罗马建筑实践基础上的拱门和立柱，但细部缺乏古典风格和传统性。在墙壁上常用彩色玻璃和各式大理石组成富丽堂皇的镶嵌画，马赛克艺术成了几何形地板和墙壁的主要装饰手段及宗教主题绘画的表现形式。

（2）拜占庭式设计。

公元 330 年，罗马帝国迁都到东部的拜占庭（今天的土耳其城市伊斯坦布尔），并将其改名为"君士坦丁堡"。公元 395 年，古罗马帝国分裂为东罗马和西罗马，东罗马定都君士坦丁堡，以东正教为"国教"，领土跨越欧亚非三大洲，史称"拜占庭帝国"，而西罗马成立不久便灭亡了。公元 4 ~ 6 世纪是拜占庭建筑走向繁荣的时期。其主要建筑活动是以罗马城为样板兴建了君士坦丁堡。这期间东正教的教堂越来越宏大华丽，最光辉的代表是位于今天土耳其境内的圣索菲亚大教堂。（图 4-9）

拜占庭帝国的政体是政教合一的，其艺术服务于教会和皇帝，形式上追求高贵、豪华，内容上强调神性。

图 4-9　圣索菲亚大教堂

图 4-10　巴黎圣母院

由于所处地理位置的关系，拜占庭艺术一方面承袭了早期基督教的艺术传统，另一方面又受到东方艺术的影响，喜欢色彩胜于造型，喜欢装饰胜于写实表现。拜占庭建筑是古西亚的砖石拱券、古希腊的古典柱式和古罗马规模宏大的巴西利亚式建筑的别具特色的综合，特别是在拱券、穹顶方面，它的成就尤其可观。

教堂建筑是拜占庭建筑艺术的典型代表。与罗马教会势力范围下的西欧教堂不同，拜占庭教堂分为三种形式：巴西利卡式（长方形）、集中式（为圆形或八角形）和十字式（希腊十字形）。这三种形式在结构上都有一个共同点，就是对穹顶的强调。其屋顶大多为独特的穹窿形，有的是一个大穹窿，有的是一个大穹窿带几个小穹窿。这种穹窿除了象征苍天之外，也带有保护和覆盖神圣场所的意义。

拜占庭建筑的内部，在发券、拱脚、穹顶底脚、柱头、檐口和其他承重或转折的部位用石头砌筑并做雕刻装饰，题材以几何图案或程式化的植物为主。雕饰手法特别：保持构件原来的几何形状，而用三角形截面的凹槽和钻孔来突出图案。此外，用彩色大理石板、玻璃马赛克和粉画来做室内装饰也是其特色之一。

（3）罗马风建筑。公元 11—12 世纪，一些有意向古罗马风格靠拢的教堂在这些国家陆续出现了，人们称其为"罗马风建筑"。罗马风建筑并不是古罗马建筑的完全再现。罗马风建筑的设计施工大都较为粗糙，除了追求雄伟高大之外，其风格与古罗马建筑的富丽豪华并无多少相似之处。

罗马风建筑常以古典柱式作装饰，空间由高大突出的中厅、两个侧厅和横厅组成，彼此由墩柱严格分开。其墙壁非常厚实，窗户开得很小，中厅也因此显得幽暗而神秘。

罗马风建筑最重要的特征之一，是对古罗马的半圆形拱券结构的广泛应用。一般是在门窗和拱廊上采用半圆形拱顶，并以一种拱状穹顶和交叉拱顶作为内部支撑。建筑上还常采用扶壁和肋骨拱来平衡拱顶的横推力，这些是哥特式建筑发展的基础，其结构与形式对后来的建筑影响很大。

室内装饰崇尚简单朴素，给人留下装饰降低到最少限度而强调空间结构的印象。临近罗马风建筑时代末期规模较大的教堂开始注意较为精细的装饰，室内最主要的特点是出现了集束柱，进而内部的垂直因素得以加强，削弱了沉重感。

中世纪的城堡室内多用石头铺成地面及垒成屋顶，细部如狭小的石窗及壁炉则反映了轻装饰、重实用的罗马风设计特征，其朴素拘谨的风格反映出西欧中世纪社会氛围的沉重。

（4）哥特式设计。哥特式建筑是 11 世纪下半叶起源于法国、12—15 世纪流行于欧洲的一种建筑风格，主要见于天主教堂，也影响到世俗建筑。其特点是无论建筑的外观还是内部空间都追求一种轻盈、飞升的强烈动感。

哥特式建筑精巧地平衡了建筑向上的升力和重力，充分体现了技术与神学和美学的结合。由于技术的进步，加上采用较轻的建筑材料，哥特式建筑的高度越来越高，充满了强烈的升腾动势。

哥特式建筑的内部空间高旷而明亮，教堂内部裸露着近似框架式的结构，支柱仿佛是成束的骨架券的茎梗，垂直线条统治所有的部位。筋骨嶙峋，几乎没有墙，雕刻、壁画之类附着，极其峻峭清冷。窗子占满支柱之间的整个面积，上面是用铅条和彩色玻璃镶嵌的图画，它既作为装饰艺术，又可作为宗教叙事图解。垂直的线条，再加上从高大的玻璃窗透射进来的奇光异彩，往往使人产生一种对天国无限向往的宗教心理。著名的巴黎圣母院便是杰出实例（图 4-10），这种建筑样式已被公认为是中世纪艺术的最高成就。

6. 文艺复兴时期的室内设计

14 世纪，在以意大利为中心的思想文化领域，出现了反对宗教、神权的运动，强调一种以人为本位并以理性取代神权的人本主义思想，从而打破中世纪神学的桎梏，使欧洲出现一个文化蓬勃发展的新时期，即文艺复兴时期。

在建筑及室内设计上，他们十分注重研究和采用经典建筑的艺术要素，如柱式、构图、建筑类型等，提倡复兴古希腊、古罗马的建筑风格，以取代象征着神权的哥特建筑，在宗教和世俗建筑上重新采用体现着和谐与理性的构图要素。

文艺复兴时期欧洲建筑的主要特征表现为：古典柱式重新启用，并再度成为建筑造型的构图主题；重新使用穹顶、半圆形券、三角形山花、厚实墙。建筑平面推崇圆形平面集中式体量，追求合乎理性的建筑、强调规则、条理、水平舒展的构图。

文艺复兴早期，在府邸等世俗建筑室内，小心地借用古罗马建筑细部，并适应它们的时代潮流，开始增加装饰线脚，尽管室内其他方面平平淡淡，由结构桁条组成精致的方形图案天花、彩绘的墙壁和天花板装饰以及古典装饰线条却成了空间装饰的主要因素。天花板装饰还包括绘画。雕刻板饰或者一种特殊格律的诗行也作为装饰出现在墙上。

文艺复兴中期，古典装饰手法提供了墙壁装饰、门窗线脚及精致的壁炉和天花，家具仍用得很少，但是，家具变得豪华且类型丰富多彩。（图 4-11）

帕拉迪奥是文艺复兴晚期具有代表性的建筑师及理论家，他的室内设计在理性意识和忠实于建筑整体观念的古典风格方面得到发展。教堂用古罗马建筑构件，像壁柱、檐口线脚和门窗边饰，通常用灰白色的大理石，同一般的白色墙壁和天花板平面形成对比，从而使其特别惹人注目。在空间单调的别墅中，把墙壁装饰得富丽堂皇，墙上挂有足以乱真的壁画，画中含有建筑构件，如拱门、栏杆、门廊和结构等，室内环境融为一体。

7. 巴洛克室内设计

16 世纪下半叶，文艺复兴运动趋向衰退，建筑及室内设计进入一个相当混乱的时期。产生于意大利的巴洛克，以热情奔放、追求动态、装饰华丽的特点赢得当时天主教会及贵族的喜好，进而迅速风靡欧洲。

巴洛克风格的建筑及室内设计主要有以下三方面的特点：首先，在造型上以椭圆形、曲线与曲面等极富生动的形式突破文艺复兴时和谐、严谨的规则，着意强化变化和动感。擅长利用透视的幻觉和增加结构上的层次来夸大空间距离的深远感，运用光影变化和形体的不稳定组合来产生虚幻与动荡的气氛。其次，打破了建筑空间、雕刻和绘画的界限，强调艺术形式多方面的融合，主要体现天顶画的艺术成就，在色彩上追求华贵富丽，多用纯颜色，并饰以金银泊装饰。此外，巴洛克室内设计还具有平面布局开放多变、装饰处理过于夸张的特点，通过富丽的装饰、大面积的壁画、动势强烈的雕像和绚烂的色彩来营造脱离现实的感觉。（图 4-12）

图 4-11

8. 洛可可风格

继意大利文艺复兴之后，法国古典主义建筑成了欧洲建筑的主流，它强调外形端庄与雄伟，室内效果与装饰常有强烈的巴洛克特征，它是法国绝对君权时期的宫廷建筑潮流。18世纪上半叶，法国专制政体出现危机，宫廷鼎盛时代一去不复返，贵族和资产阶级抛弃了忠君思想，宁愿营造私邸，安享逸乐。宫廷贵族们再也受不了古典主义的严肃和巴洛克豪华的喧嚣放肆，逍遥放纵的艺术口味日趋泛滥，于是，洛可可艺术随之在宫廷和贵族府邸中产生了。这是一种更柔媚、更细腻、更纤巧的格调。

精致的客厅和亲切的起居室更适合宫廷贵族们举止风流的慵懒生活。房间里没有方形的墙角，矩形房间抹大圆角，他们喜爱圆的、椭圆的、长圆的或圆角多边形等形状的房间，连院落也这样。在建筑上，洛可可风格主要表现在室内装饰上。与巴洛克风格不同，洛可可风格在室内排斥一切建筑母题，过去用壁柱的地方改用镶板或镜子，四周用细巧复杂的边框围起来，凹圆线脚和柔软的涡卷代替了檐口和小山花。圆雕和高浮雕换成了色彩艳丽的小幅绘画和薄浮雕，浮雕的轮廓融进底子的平面之中。丰满的花环不用了，用纤细的璎珞。线脚和雕饰都是细而薄，没有体积感的，除壁炉上外，淘汰了大理石。墙面大多用木板，漆白色，后来又多用木本色打蜡。

装饰题材有自然主义倾向，爱用千变万化舒卷着、纠缠着的草叶，此外，还有蚌壳、蔷薇和棕榈。它们还构成了撑托、壁炉架、镜框、门窗框和家具腿等，为了彻底模仿植物的自然形态，后来它们竟完全不对称，如镜框四边和四个角都不一样。装饰爱用娇艳的颜色，如嫩绿、粉红、猩红等，线脚大多是金色的，天花上涂天蓝色，画着白云。喜爱闪烁的光泽，墙上大量嵌镜子，挂晶体玻璃的吊灯，陈设着瓷器，家具上镶螺钿，壁炉用磨光的大理石，大量使用金漆等。特别喜好在大镜安装烛台，欣赏反照光的摇曳和迷离。门窗的上槛、镜子和框边线脚等上下沿尽量避免用水平直线，而用多变的曲线，并常被装饰打断，也尽量避免方角，在各转角上总是用涡卷、花草或璎珞等来软化和掩盖。（图4-13）

洛可可风格创造了许多新颖别致的片断和许多富于生命力的手法，室内环境更宜于日常生活，所以，洛可可的装饰影响相当久远。

9. 伊斯兰风格

在中世纪，阿拉伯国家和其他伊斯兰教国家的人民创造了独特的建筑体系，达到了很高的水平。宗教建筑物和宫殿代表着当时最优秀的成就。

伊斯兰风格的室内设计特征表现为两方面：一是多种多样的券和穹顶的式样。伊斯兰建筑大多是用穹顶覆盖的集中式，大量采用连续券，券的形式有双圆心尖券、马蹄形券、火焰形券、海扇形券、花瓣形券或叠层花瓣形券等。相应的也大致有这许多样式的穹顶，它们的装饰效果很强，大多的券面和券底都有灰塑的花边和几何纹样。二是大面积的表面图案。在形式特征上表现为高度的图式化、几何化、抽象化的平面效果，排斥写实形象。

图4-12

图4-13

限于教义的规定，图案主题取植物或阿拉伯古兰经文之类，以抽象线条的盘绕缠结为主要表现手法，最初常见的装饰是在抹灰面上作粉画，还有一种在比较厚的灰浆上模印图案。后来则多用彩色玻璃或掺用普通砖砌成图案。有些甚至把晶莹明亮的镜片嵌在图案里，图案的色调以深蓝、浅蓝为主。另外，雕花的木板、石膏板和大理石板广泛使用，有时作透雕，用在门窗上。

由于伊斯兰风格具有极强的装饰性，曾多次对欧洲及其他地区产生影响，在室内设计史上具有独特地位。

10. 中国传统风格

中国传统的室内设计曾随民族生活习惯的变化而演变。如：商、周至三国为跪坐习俗，家具皆为低矮的几案、席榻，室内空间多以帷幕等织物分隔；魏晋之后，开始使用高形坐具，经五代至宋代开始定形，室内空间多以屏风分隔；由明至清初，室内装饰风格崇尚简洁明朗，讲求线条表现；清中期之后，室内风格渐趋繁冗华藻。就中国传统室内装饰手法而言，主要由两部分组成：一方面是与建筑本身的木结构相关，在结构构件和门窗上施以彩绘或雕刻，花格门窗极具特色，用屏风、挂落或罩、博古架等装饰和分割室内空间，用中国木结构特有构件"斗拱"，以及由其组成的"藻井"或天花丰富室内的空间装饰效果；另一方面则是文人气质的匾额、对联、字画、陶瓷等陈设挂件，配以风格协调、色彩沉稳、工艺精湛的各种家具。上述两方面用于皇家或寺庙类，多辅以金色、红色及青绿彩绘，追求富丽堂皇的视觉效果；用于住宅，尤其是文人住宅，视觉效果多讲求淡雅和谐，且可与室外自然风格的庭园互为融合。

中国传统风格的室内设计对中国周边国家尤其是日本、朝鲜有着较大的影响，在世界室内设计史上独树一帜。

11. 日本传统风格

日本室内设计传统因民族审美趣味和生活习惯的不同而与中国有着明显的区别。在装饰趣味上，注重表现材料本身的质感和工匠精湛的制作工艺；造型多具有明显的装饰和抽象倾向，简洁明朗；色彩或用金色、红色或蓝绿色，形成艳丽明快的视觉效果；或讲求表现材料本身的质地本色，形成素雅的格调。在日本室内设计的传统手法中，用于分隔房间与空间的"数寄"——推拉门始终是装饰的重点。较粗的外框及里面的细木方框格组成了"数寄"的骨架，细木框格上糊半透明或不透明的纸、布，镶竹帘或芦苇屏。除了作为活动式的隔墙，这种实心推拉门还常常作为一方画布，描绘大自然的优美景色，有的还在连续的几扇门上用连环画的形式来表现，由此而产生的各种在推拉门上绘画的流派成为日本民族绘画艺术的一部分。在日本传统的和式住宅室内，

简单的木结构柱子、天花、推拉门和素雅柔软的榻榻米铺地使得空间造型极其简洁；室内陈设布置井然有序，低矮的茶几形成中心，周围地面放置日本式蒲团，陈设日本"茶道"陶瓷或漆器，或用日本"花道"的插花、日式挂轴、细竹帘子，或悬挂日本式"和纸灯笼"来增加室内淡雅的气氛。

4.1.2 近现代部分

1. 工艺美术运动

在整个19世纪各种建筑艺术流派中，对近代室内设计思想最具影响的是发生于19世纪中叶的工艺美术运动，它是小资产阶级浪漫主义思想的反映。工艺美术运动，又称艺术和手工艺运动（Arts and Crafts Movement），它是针对工业革命后艺术设计、传统手工艺之贫弱，而力图通过复兴传统手工艺以及重建艺术与设计的紧密联系，来探索新的社会背景下艺术设计发展道路的一场改革运动，对现代设计产生了重要的作用。它对艺术和传统、自然的美、人的审美趣味的强调，从总体上推进了西方现代设计的发展。代表人物是英国的拉斯金和威廉·莫里斯，他们提倡艺术化的手工制品，反对机器产品，强调古趣，热衷于手工艺效果与自然材料的美。代表作品为1859年威廉·莫里斯与朋友一起为自己设计的新住宅"红屋"。这个建筑外形不用古典对称布局，平面根据功能需要布置成L形，用本地产的红砖建造，不加粉刷，大胆摒弃了传统贴面的装饰，表现出材料本身的质感。室内设计力图创造安逸舒适而不是庄重刻板的气氛，墙面采用莫里斯自己设计的色彩鲜亮、图案简洁的壁纸。（图4-14）

"红屋"之后，这种审美情趣实践的扩大，使工艺美术运动蓬勃发展起来，室内设计有了明显的特征：家具一般用暗绿色，壁纸、织物为平面图案；墙面装饰的特点是沿垂直方向用木制中楣将墙划分成几个水平带，沿顶棚的上楣用石膏做成，每个水平带的壁纸各不相同，最上部有时用连续的浅石膏花做装饰，或是贴着鎏金的日本式花木图案的壁纸；木制的画框托着最时髦的来自日本的装饰品——古扇、青瓷、挂盘等，在门框上方悬挂着厚重的织毯；室内装饰有时也达到令人透不过气的程度，木制的嵌板、托架、梁头上，满是手工或手绘的花鸟果木图案；室内色彩也颇有讲究，顶棚为深蓝色、墙为棕色的屋子配以黑色或灰绿色的门，墙和天棚为黄色时，门则用暗绿色或褐紫色；居住者喜欢收集瓷器并将其摆在壁炉上方的托架上。

2. 新艺术运动

在欧洲真正改变建筑形式出现的信号是在19世纪80年代开始于比利时布鲁塞尔的新艺术运动。新艺术运

图 4-14 红屋

图 4-15 塔塞尔旅馆

动极力反对历史样式，力争创造前所未见的适应工业时代精神的简化装饰。用流动、舒畅、缓和的曲线来表现新的美，因而其作品外形一般比较简洁，尽量减少浮饰。其特征主要表现为：室内装饰主题是模仿自然界生长繁盛的草木形状的曲线，不对称，具有极强的动态和纤细的比例。这些构图和构成特征淋漓尽致地运用在墙面、家具、壁纸、栏杆、窗棂及梁柱上。由于铁便于制作各种曲线，而当时铸铁工艺又很发达，因此，装饰中广泛应用铁构件创造二度空间的塑性形式。到 19 世纪末，这一流派已发展至炉火纯青，建筑从里到外，都用这种风格装成统一的整体。

代表人物维克多·霍塔（Victor Horta），他是比利时新艺术建筑的奠基人。他设计的位于布鲁塞尔的塔塞尔旅馆，是新艺术运动的第一座建筑，它表现了早期的新艺术运动风格，至今仍被认为是建筑史上的一个里程碑。（图 4-15）

新艺术运动显示了欧洲文化基本上的统一性，同时也表明了各种思潮的不断演化与相互融会。新艺术在时间上发生于新旧世纪交替之际，在设计发展史上也标志了是由古典传统走向现代运动的一个必不可少的转折与过渡，其影响十分深远。

3. 国际式风格派（现代主义派）

20 世纪 20 年代，国际式风格伴随现代主义建筑的功能主义理论应运而生。德国建筑师格沃尔特·格罗庇

图 4-16 流水别墅

乌斯、密斯·范德罗、法国建筑师勒·柯布西耶和美国建筑师 E.L. 赖特是现代建筑思潮的杰出代表，他们的主张和建筑作品对现代建筑的发展产生了巨大影响。其中以格罗皮乌斯为奠基人的包豪斯学院的成就最为突出，它创建了现代设计的教育理念，并且对今天的设计界也有重要的影响。包豪斯对现代设计提出了三个重要的观点：其一是要求艺术与技术的完美统一；其二是强调设计的目的是人不是产品；其三是设计必须遵循自然与客观的法则来进行。

现代主义以新的观念指导创作，新建筑强调功能第一，形式第二；注意使用新技术和新材料；对传统的形式进行大胆的革新，以求室内设计空间处理的合理性与逻辑性，反对虚伪的装饰。并以此作为设计的出发点，重视使用的方便和效率。现代主义以设计上的诚挚与理性思考取代了新艺术运动那种狂热的设计梦想，也就是说将科学性融入了艺术性，故此被称为"机械时代的技术美学"。其关键因素在于功能与设计的合理性，主要特点被归结为"国际式"，其设计风格风靡全球。今天仍有许多设计是在他们美学理论与设计方法的基础上，根据不同的文化背景及物质条件演变发展而来的。

其中影响较大的有格罗皮乌斯的包豪斯校舍和 E.L. 赖特的流水别墅等当时的代表作（图 4-16），它们不论在使用功能、建筑形式、结构造型以及材料运用上都体现了现代建筑的特征，把现代设计理论推上了更

为完善的阶段。

国际式风格派的室内设计特征可归纳为：

（1）室内空间成为设计的主角，根据使用要求来确定空间的形式，空间形式灵活、自由。

（2）室内空间开敞，室内空间与室外空间以及室内空间之间往往相互渗透，空间具有流动感。

（3）室内墙面、地面、天花以及家具、陈设、绘画、雕塑乃至灯具、器皿等均以简洁的造型、纯净的质地、精细的工艺为特征。

（4）尽可能不用表面的、外加的装饰，取消多余的东西，结合现代建筑及装修材料和结构特点，运用建筑及室内本身的因素，取得艺术效果。

（5）建筑及室内部件尽可能使用标准部件，门窗尺寸根据模数系统设计，室内选用不同的工业产品、家具和日用品。

4. 光洁派

光洁派盛行于 20 世纪六七十年代，是晚期现代主义的演变，它最显著的特征就是对空间和光线的强调。光洁派的设计师摒弃了烦琐的家具装饰，青睐抽象形体的构成，常常采用雕塑感强的几何构成来塑造室内空间，使得室内空间具有宽敞明晰的轮廓和简洁明快的整体效果，功能上实用而舒适。在简洁明快的空间里运用现代材料和技术所制作的高精度的装修和家具传递着时代精神，使这些产品、部件的高精度表象成为可供欣赏的对

图 4-17

图 4-18 乔治·蓬皮杜国家艺术文化中心

象。（图 4-17）

光洁派的室内设计特征可归纳为：

（1）空间和光线是光洁派室内设计的重要因素。为了使空间明亮，窗口、门洞的开启较大，并使室内外环境相渗透，窗户的装饰要便于室内的采光和通风。

（2）室内空间具有流动性，隔而不断，相互渗透。

（3）简化室内梁、板、柱、窗、门、家具等所有构成元素。

（4）室内较多地使用玻璃、金属、塑料等硬质光亮材料。

（5）采用几何图形的装饰和现代版画的鲜艳色彩，显示出令人愉快的现代装饰特点。

（6）室内家具少而精，常用色彩明亮、造型独特的工业化产品。

（7）墙上悬挂现代派绘画或其他现代派艺术品，并且常使用窄边金属画框。

（8）室内陈设盆栽观赏植物，为室内增添情趣。

光洁派的室内设计给人以清新、时尚、简洁、精美的印象，至今仍有一定影响。

5. 高技派

高技派是活跃于 20 世纪 50 年代末至 70 年代的一个设计流派，在建筑设计、室内设计中采用新技术，在美学上极力表现新技术的机械美，着力反映工业成就，宣扬未来主义。它的设计强调工业技术特征，强调透明，半透明的空间效果，喜欢以透明的玻璃，半透明的金属

网分割空间形成室内层层叠叠的空间效果。在许多人强调建筑的共生性、人情味和乡土化的今天，高技派的作品在表现时代情感方面也在不断地探索新形式、新手段，因此这一流派仍然显示出朝气蓬勃的发展势头。高技派典型的作品在表现时代情感方面也在不断地探索新形式、新手段，因此这一流派仍然显示出朝气蓬勃的发展势头。高技派典型的实例为法国巴黎蓬皮杜国家艺术文化中心、香港中国银行等。（图 4-18）

高技派的室内设计特征可归纳为：

（1）内部构造外翻，暴露显示内部构造和管道线路，把本应隐匿起来的服务于设计、结构、构造显露出来，强调工业技术特征。

（2）表现过程和程序，不仅显示构造组合和节点，而且表现机械运行，如将电梯、自动扶梯的传送装置都作透明处理。

（3）强调透明和半透明的空间效果。室内设计喜欢用透明的玻璃、半透明的金属网、格子等来分割空间。

（4）高技派不断探索各种新型高强度材料和空间结构，善于表现建筑结构、构件的轻巧。

（5）室内的局部或管道常涂上红、绿、黄、蓝等鲜艳纯色，以丰富空间效果。

高技派是随着科技的不断发展而发展的，强调运用新技术手段反映室内装修，将其装饰成新的工业化风格，创造出一种富于时代情感和个性的美学效果。因此，这种风格具有较强的生命力。

图 4-19　古根海姆博物馆

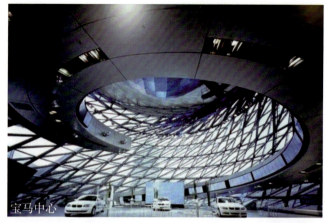

宝马中心

鸟巢

图 4-20

6. 后现代主义派

20世纪60年代以后,后现代主义得到发展并受到注目。

后现代主义派强调室内的复杂性和矛盾性,反对简单化、模式化,追求人情味,崇尚隐喻和象征手法的运用,提倡多元化和多样化,室内设计的造型特点趋向繁多和复杂,大胆地使用新的手法重新组合室内构件,具有很大的自由度,室内的家具、陈设也往往具有象征意味。大胆运用图案装饰和色彩,讲究与现有环境相融合。在造型设计上,主张利用传统的部件和适当引进新的部件,用非传统的方法组成独特的整体,通过非传统的方法组合传统部件,使之产生新的情景,让人产生复杂的联想。(图4-19)

后现代主义派的室内设计特征可归纳为:

(1)室内设计造型趋于复杂、繁多,并作符号化处理,强调象征隐喻的形体特征和空间关系。

(2)把传统建筑及室内的各元件,通过新的手法加以组合或与新的元件混合、叠加,最终表现为设计语言的双重译码和暧昧含混的形体特征。

(3)在室内大胆运用图案装饰和色彩。

(4)在设计构图时往往用夸张、变形、断裂、折射、错位、扭曲、矛盾共处等手法,构图变化的自由度大。

(5)室内设置的家具、陈设的艺术品往往被突出其象征、隐喻意义。

英国建筑评论家 C. 詹克斯认为:"后现代社会主义建筑就是在至少两个层次上说话的建筑,一方面,它面对其他建筑师和留心特定建筑含义的少数人士;另一方面,它又面对广大公众或当地居民,这些人留意的是舒适问题,房屋的传统和生活方式等事项。"可以说,后现代主义是现代主义适应时代发展而进一步革新的潮流。

7. 解构主义派

解构主义是 20 世纪 60 年代,以法国哲学家 J. 德里达为代表所提出的哲学观念,是 20 世纪前期欧美盛行的结构主义和理论思想传统的质疑和批判,建筑和室内设计中的解构主义派对传统古典、构图规律等均采取否定的态度,强调不受历史文化和传统理性的约束,是一种貌似结构构成解体,突破传统形式构图,用材粗放的流派。

它对传统的"秩序""统一"等概念提出怀疑,拒绝"综合"观念,改向"分解"观念,将传统的现代主义形式打碎后重新组合、叠加,拒绝传统的功能与形式对立,转向两者叠合或交叉,用分解及组合的形式来表现时间的非延续性。(图4-20)

解构主义派的室内设计特征可概括为:

(1)刻意追求毫无关系的复杂性,无关联的片断与片断的叠加、重组,具有抽象的废墟般的形式和不和谐性。

(2)把建筑分解为功能及非功能部分。

(3)热衷于肢解后重新组合。打破过去建筑重视结构逻辑和力学原理的、悲剧感。其结构逻辑表现出极

图 4-21

强的非理性。

（4）室内空间无中心、无场所、无约束、无逻辑性，具有设计的因人而异的任意性。

解构主义是几十年来建筑流向的自然而然的继续，由理性走向非理性，由统一走向分解，由结构走向解构。从主观意图来说，它反映了当代西方社会文化支离破碎的现象；从客观条件来说，社会财富积累也提供了物质上的可能性（有人说：解构主义是富人的建筑）。他们的设计作品大胆，与众不同，往往给人们意料之外的刺激和感受。

8. 新古典主义派（历史主义派）

新古典主义派是在设计中运用传统美学法则，利用现代材料、结构和加工技术，使建筑造型和室内环境产生极富传统意境的设计流派。他们主张设计师要"到历史中去寻找灵感"，建筑及室内部件的形式均是来源于对传统形式的概括。（图4-21）

新古典主义派的室内设计特征可归纳为：

（1）讲求风格，造型家空间环境处理上追求传统建筑风格的韵味，不是复古而是讲究神似。

（2）用现代材料和加工技术追求传统样式的轮廓特点，采用简化的手法。

（3）注重装饰效果，用室内陈设艺术品来增强历史文脉特色，往往去搬古代设施、家具及陈设艺术品来烘托室内气氛。

新古典主义派有的追求古希腊的建筑风格，采用多立克、爱奥尼等柱式及三角形山花、柱廊的简化形式，甚至采用人体柱式及各种希腊式雕像，试图追求一种纯洁、典雅、繁荣的气氛。有的追求古罗马的风格，采用简化后的古罗马柱式以及券柱式、连续券、巨柱式、叠柱式等构图方式，甚至采用穹顶、拱顶的屋顶形式，追求雄伟、壮观、高贵的气氛。目前较为流行的新古典主义派的形式是折中主义的追求，任意选用历史上各种建筑风格的构件及空间形式，经过简化手法处理后，自由组合，而不再讲究固定的法式，只讲究比例、尺度、均衡、韵律等，做到在变化中求得统一，注重纯形式的美。新古典主义派的设计作品因其创造出典雅、端庄的室内环境，又具有传统的神圣、高贵的气质而受到人们的欢迎，特别为上流社会所接受。

9. 新地方主义派（新方言派）

与现代主义的"国际式"千篇一律相对立，新地方主义派是一种强调地方特色和民俗风格设计倾向，强调乡土味和民族化的设计流派，它没有一成不变的规则和设计模式，而是在设计中尽量地使用地方材料和做法，表现出因地制宜的特色，这就使得设计对象的整体风格与当地的风土环境相融合，具有浓郁的乡土风味。它的室内设备是现代化的，保证了功能上使用舒适的要求，

而室内陈设品则强调地方特色和民俗特色，呈现出民族文化特征。

新方言派的室内设计特点可归纳为：

（1）该流派没有固定的设计模式，设计时自由度较大，以反映某个地区、某个民族的风格样式及艺术特色。

（2）设计中尽量使用当地的地方材料和做法表现出独特、朴素的地方特色。

（3）从当地传统建筑和居民中吸收营养，注意建筑、室内环境与当地的自然环境、风土人情相融合。

（4）室内设备是现代化的，保证功能上使用舒适。

（5）室内陈设的艺术品强调地方特色和民众特色。

新方言派的作品采用因地制宜的设计方法，造价不高，却能取得别具一格的室内艺术效果。

10. 超现实主义派

在室内设计中追求所谓超现实的纯艺术，通过别出心裁的设计，力求在建筑所限定的"有限空间"内，运用不同的设计手法以扩大空间感觉，来分行所谓的"无限空间"，并根据所选定的要表现的主题创造"世界上不存在的世界"。（图4-22）

超现实主义派的室内设计特征可归纳为：

（1）设计奇形怪状的令人难以捉摸的室内空间形式，有时甚至模仿生物体或自然地貌的整体或局部，来表现特定的主题，具有较强的科幻或童话色彩。

（2）五光十色、变幻莫测的灯光效果。

（3）浓重、强烈的色彩。

（4）室内造型具有弹性或流动性，运用抽象的图案。

（5）根据主题内容的需要安入造型奇特的家具、陈设和设施。

超现实派的室内设计作品，由于刻意追求创意新颖、造型奇特，容易给人留下深刻的印象，具有极强的广告效果和商业娱乐性。

室内设计随着人类社会不断地向前发展而更迭变化，它与人类社会的文化思想、生产力水平密不可分。在其发展过程中，在世界范围内还有许多种风格、流派涌现、沉浮，与以上各主流风格流派相比，影响面较窄或是非主流风格的演变，这里就不一一介绍了。但任何一种设计风格都是在当时相应的社会政治背景、文化意识形态、生活状态和自然条件的基础上产生发展的，它依赖于建筑及装饰材料和当时的加工技术与工艺水平，是特定的时代精神的生动表现。今天，在改革开放的中国，生产力得到极大提高，经济快速增长，科学技术比较发达，文化艺术空前繁荣。学习室内设计的历史发展及形式风格，对当今室内设计创作无疑有着极大的帮助，更有意义的是，用什么样的室内设计作品表现今天的精神，满足人们生活的需要，才是室内设计人员学习历史与风格的最终目标。

图 4-22

4.2 室内设计对装饰与陈设的研究

随着结构技术的发展，人类建筑内部空间不断扩大，使用功能日趋复杂，我们的生活环境也越来越丰富。不同功能的室内空间场所也随之增多，展览馆、车站、候机室、体育场馆、宾馆、图书馆、办公楼、医院、学校、商店、娱乐场所（图 4-23）、现代化工厂及家庭室内空间比比皆是。建筑内部不仅需要美化，还需要进行科学的划分，全面满足人的精神、文化、行为、心理和生理等的需要。室内设计逐渐成为由建筑设计衍生来的、可以独立于建筑设计存在的一门重要学科。而室内装饰陈设设计则毋庸置疑地成为室内设计过程中画龙点睛的部分，同时也展示着人类对生活的态度和创造力。

不同的时代，不同的室内环境，不同的功能需要，不同使用者的要求，民族、民众文化及地域差别，装饰与陈设的表现都有所不同。种种因素的需要，对我们从事室内设计人员的装饰与陈设意识上的文化艺术修养及创意制作提出了更高的水准要求。一切艺术设计与制作都是创造者内心艺术修养的反映，是从审美的角度去呈现"人类灵魂的微笑"，发挥其"情感和思想魔力"的。运用设计的审美手段去表现生活，又通过审美作用来实现审美手段的社会职能。美是具有生动而健康的内容和高尚而耐人寻味的意境的。运用设计应是合乎"规律"的美。设计师就是运用一切造型手段，把艺术的语言融于功能空间之中，在某种限定空间的范围内发挥出它美的价值，使人们的生活空间内容更加充实、完善、和谐，带来空间环境的美。

4.2.1 装饰与陈设的构成因素

构成室内装饰陈设的因素有很多，大体可分为实用型、装饰型和两者兼有的实用装饰型，如家具、饰物、布艺、灯具（光）、植物、色彩、材料、五金设备、工业产品、壁画装饰、雕塑艺术等。现代室内陈设品的运用非常广泛，但是最值得我们重视的是要考虑其对室内设计的整体效果的影响，这是选择室内陈设品最关键的环节。在设计时不但要决定艺术品的造型和放置位置，还应对它的主题和表现手法提出具体要求，以反映空间的个性和气氛。这些因素的理想组合会给我们希望的功能空间创造出某种个性统一的空间形象，会体现出对文化的表现、文明的建立和精神功能的需求，把人类工作、学习、生活环境推向一个新的境界。

4.2.2 装饰陈设的意义

创造美好的室内环境是人类共同的愿望。装饰陈设艺术从远古到现代经过了漫长的岁月。装饰的萌生、形成、发展、继承，每个时代的装饰陈设艺术都对当时人类精神意识有着极大的充实和满足。现代室内装饰陈设已经进入全面发展阶段，它的逐渐兴起表明了社会经济的增长、科学技术的提高、物质文明与精神文明的发展，以及人们对生存与生活的环境质量有了更多、更高、更好的需求。

装饰陈设是艺术的发展，是文化的体现，是精神文明和物质文明的综合。它使人们的工作、学习、生活、娱乐更加充实，给人的心灵以寄托，唤起人们对生活的美好欲望，鼓舞人们的上进心。正是这些意义和目的才使我们的生活各类空间异彩纷呈，设计风格与形式个性十足，充分地表达了人类对美好事物不懈的追求。装饰与陈设使我们的生活丰富多彩。

4.2.3 装饰与陈设的类别和形式

1. 装饰与陈设的类别

（1）结构类：体现对空间围合界面建立的统一。

（2）装饰类：附加界面之上媒介装修的设计。

（3）挂饰类：悬挂在围合空间的体面设计。

图 4-23　深圳某酒店夜总会（设计者：刘国）

（4）放置类：陈设于环境中的功能与美化设计。

2. 装饰与陈设的形式

（1）艺术分类：写实、写意、抽象、风格等。

（2）功能分类：家庭的、宾馆的、机场的、车站的、办公的、娱乐场所的、广场的、室外的、学校的、商业的等。

（3）内容分类：人物、风景、静物、植物、布艺、字体、图形、物品、雕塑、工艺品、灯光、建筑结构体面等。

（4）构图分类：均衡的、对称的、局部的、整体的等。

（5）材料分类：金属的、颜料的、木质的、石膏的、布做的、石材的、水体的、植物的、陶制的、塑料的等。

（6）位置分类：壁画式、悬挂式、摆式、建筑式等。

4.2.4 装饰与陈设的延续和发展

我国是一个地域辽阔、资源丰富、民族众多、具有悠久历史文化的国家。距今约2万年的旧石器时代，装饰的概念就已经产生了。在北京周口店出土发现了7颗经打磨钻孔并由铁矿染作红色的石珠，这说明当时钻磨技术的进步，同时也说明对服饰装饰美的讲究。

新石器时代距今约六七千年，产生了彩陶艺术，形成了"彩陶文化"，当时制陶技艺以手制为主，器形有钵、盆、罐、鼎以及特殊的陶艺，表面素地为棕褚多涂黑色或暗紫色的纹饰，器表面装饰纹有彩绘鱼纹、划纹、绳纹、篮纹、条纹、三角纹、波浪纹、几何形等。其装饰形式源于生活又高于生活，充满了艺术生机。陶艺的发展是人类审美意识发展的标志，也使得物质生活方式逐步地改变，影响着人类精神生活的各个方面，从自身装饰发展为周围用具装饰提供了参照依据。

商、周、战国时期产生了低型家具，其造型古朴并出现漆饰装饰的纹饰造型，为后世室内装饰奠定了一定基础。汉代室内装饰更进一步，室内设有彩绘屏风，屏风上装有架子挂装饰器物，家具造型有华丽型的也有朴素型的，像石、金、银、漆器也被大量应用。室内天花造型有覆斗型和斗四天花，造型优美图案精细，有雕图案的斗拱、圆柱、方柱、八角柱等，形成了汉代的装饰风格。

唐代是我国古代经济文化的鼎盛时期，装饰也随之得以发展。建筑造型富丽堂皇，唐大明宫（复原图）造型气魄宏伟，制作精细，充分反映了唐代民族装饰艺术的风格。

明代由于手工业生产力和技术逐步提高、商品经济的发展，建筑业也同时有很大的提高，增加了很多书院、会馆、寺庙、戏院、旅店、餐馆等公共建筑。随着居住质量的提高，室内装饰也走向程式化和制度化。这一时期的家具是我国古典家具艺术高峰的代表，在世界家具史上占有重要地位。

清代在家具装饰和彩绘等方面过分追求细致，导致堆砌、烦琐和缺乏生气。

总之，从传统的彩陶艺术和古代建筑与室内装饰艺术起，漫长的岁月变迁，为我们留下了几千年的历史文化遗产，这是一笔巨大的文化财富，对我们现代装饰艺术与室内设计的发展起着重要的推动作用。从文化到审美，从形式到制作，从实用到艺术，从小范围到大环境，其装饰与陈设的语言深深地影响着我们今天的艺术创造。生活环境质量被不断地完善着。

4.2.5 装饰与陈设的常规规律

创造美好环境是人们追求美好生活的愿望。美的环境是由多种因素综合而构成的，室内格局讲究，环境优雅，功能合理，色调怡人，都有益于人身心健康和生活机能的完善与发展。

装饰与陈设是对建筑师提供的内部空间的一种美化和装点，也是对空间的弥补和再创造。内部空间的设计、色彩的设计、照明的设计、地面的设计、家具的陈设、绿色植物的陈设、软装饰陈设、工艺品陈设、挂饰艺术、绘画艺术、雕塑艺术、壁画壁挂艺术以及摄影艺术有机地综合在一起，就成为改善环境、创造环境的重要因素。（图4-24）

1. 室内空间格局变化

室内空间格局有下列10种情况：

（1）高低错落格局；

（2）半封闭格局；

（3）封闭格局；

图4-24 中式建筑的装饰与陈设

（4）屏风移动格局；

（5）植物格局；

（6）结构格局；

（7）木骨架格局；

（8）金属格局；

（9）水格局；

（10）材质与色彩格局。

室内空间格局的变化与人们的生活、学习、工作、娱乐有着密切的关系，人类根据不同的需要，对使用空间划分出不同的功能，同时产生很多新的格局（图4-23～图4-31），空间格局的多种类型会使人类的活动丰富多彩，并会产生心理效果。例如：舒适感，坚固的力度感，安全感，结构感，活泼感，庄重感，领域感，安静感，自然感，乡土气息，等等。

2. 灯光照明

室内空间除自然光源照明外，灯光照明格外重要，灯光在人们生活当中是不可缺少的光源，灯光照明要根据室内空间使用功能而定，不同的场合环境需要不同的照度和光色性的选择，以产生一定的空间气氛和某种特定的艺术效果。（图4-32～图4-41）

灯光照明大致分以下几种形式：

（1）整体直接照明；

（2）局部照明；

（3）强光照明；

（4）弱光照明；

（5）反射光照明；

（6）混合式照明；

（7）高温气体放电灯照明；

（8）白炽灯照明；

（9）彩色灯照明。

3. 室内绿色植物

现代都市正处在由工业化的物质能量和信息所包围的环境之中，城市大规模建筑的发展使绿地相应地在减少，人类渴望大自然的拥抱、绿色的生机、清新的空气和心理上的满足。

绿色植物是生命与自然的象征，是对室内空间气氛的天然装饰，起着净化空气、美化环境、活跃分割、柔化空间的作用。巧妙的摆放可产生疏密相间、错落有致、丰富空间层次的效果，使人们产生与自然紧密相连的亲切感。（图4-42～图4-44）

室内植物可分为树木类、观叶类、观花类。

室内植物的陈设方法有：

（1）接近顶棚的垂吊法；

（2）桌几、花架的摆设法；

（3）落地盆栽与地面栽植法。

植物陈设分两种形式：

（1）单体陈设；

（2）组合陈设。

4. 室内装饰陈设艺术

软装饰陈设在室内环境中占有举足轻重的地位，它对形成室内环境气氛、增加其舒适程度和功能方面有着其他装饰材料不可比拟的优点（图4-45～图4-47）。

软装饰陈设可分为以下几个方面：

（1）地毯；

图4-25

图 4-26

图 4-27

图 4-28

图 4-29

图 4-30 个性的各层区分两组不同功能的空间

图 4-31 采用玻璃分割空间效果

图 4-32

图 4-33 间接式照明，凸现天花

图 4-34 小环境局部灯光照射

（2）窗帘；

（3）覆盖织物；

（4）天棚吊挂结构；

（5）装饰壁挂；

（6）织物屏风；

（7）沙发靠背垫；

（8）皮革装饰；

（9）布玩具。

软装饰结构分类有三种：

（1）天然纤维；

（2）化学纤维；

（3）合成纤维。

5. 室内家具陈设艺术

　　家具既有它的使用功能，又有欣赏功能，这两种功能决定了家具的实用性与艺术性，是人们生活、工作、学习不可缺少的一个部分。它与人们的日常生活息息相关，又与周围的环境有着不可分割的联系，成为形成完整室内环境的一个重要因素。室内家具的配置要根据空间的大小、环境的色调、功能的不同、风格的不同而设定。传统的室内设计风格盲目地采用现代家具就不合适；反之，现代室内装饰环境采用不符合使用功能的传统家具陈设也会有不适感。家具与环境的协调统一，是室内设

图 4-35 反射照明，形成柔和光感

图 4-36

图 4-37　深圳精舍会所（设计者：张岩鑫、齐霖、艾春光）

图 4-38 融于自然光下的墙面

图 4-39

图 4-40 局部强光照射、产生视觉导向

图 4-41

图 4-42

图 4-43

图 4-44　植物配置使酒吧接近自然

图 4-45　窗帘是室内软装饰中不可缺少
　　　　的重要部分

图 4-46　床上软装饰让卧室显得柔软舒适

图 4-47

图 4-48

计中重要的一环，占据主要角色的位置。家具主要包括桌、椅、凳、扶手椅、藤椅、靠背椅、餐桌、餐椅、单体柜、组合柜、橱柜、电器柜、床、床头柜、沙发、茶几、花架、办公桌椅、文件柜、展示柜、柜台、货架、博古架、组合椅、吧台酒柜、屏风等。家具的使用材料有木质、金属、钢木、塑料、藤竹、漆工艺、玻璃等。家具的设计要注意实用、坚固、美观而且同环境统一，符合经济情况及个性需要。（图4-48～图4-51）

6. 壁画陈设艺术

室内空间装饰由多种因素构成，壁画与整体环境有机地联系在一起，形成一个完整的空间形式。现代建筑技术为人类营造了更加宽阔的空间和优美舒适的居住环境。在满足了行为需要的同时，人们还需要通过美化空间环境来实现心理需求的满足和装饰艺术的展示。因而壁画艺术在此，起到了装饰美化环境的重要作用（图4-52、图4-53）。

由于壁画的面积比较大，所以它一般装饰一室外墙面和室内的大厅、大堂、大会议室、候机候车室等公共场所。它体现了一种大空间的装饰功能。装饰的内容形式广泛，有历史题材的，有人物的，有风景的，有建筑天文地理的，有装饰性的，有纪念性的，有写实与抽象的，有显示出它的富丽、堂皇、博大、宏伟的震撼力的，在装饰的同时还能作为信息传达给人们，帮助人们了解历史，认识社会，增长知识，提高修养，陶冶审美情趣。

壁画制作材料有颜料的（其中包括油彩、丙烯），

有陶瓷的（包括釉上彩、釉下彩、马赛克），有木质的（利用木质镶嵌或雕刻，色彩以木色为主，利用光源强调凸凹变化），有金属浮雕的（包括铜板、不锈钢、钢钉、铝板），有石材的（理石镶嵌、石刻、阴刻、阳刻），还有彩绘玻璃的、喷砂玻璃的、腐蚀玻璃的及灯光壁画。优秀的壁画作品不仅能与建筑和室内环境和谐地结合在一起，共同构成一个完整的室内环境空间，还能突出思想感情和精神意识。

7. 挂饰艺术与物品的陈设装饰

越来越多的悬挂艺术用于室内装饰，并受到人们的喜爱，人通过自己有意识的选择与设计，使用在室内装饰中的挂饰，不能被当作一般的艺术品看待，它应当成为室内环境中不可分割的有机组成部分。被设计的装饰因素应用得当，将会充分满足空间需求和人们在心理上、精神上的需要，创造出良好的环境气氛，协调空间，使原本呆板的部分变得活跃，从而起到画龙点睛的作用，使使用者的文化素养与精神气质得以彰显（图4-54～图4-57）。

挂饰艺术是室内空间不可缺少的装饰艺术。它的范围包括油画、国画、板画、装饰画、水彩画、照片画、书法、竹编、藤编、扇面、风筝、壁挂、花篮、植物、飞鸟、昆虫、小型装饰浮雕、乐器、牛羊头骨及现代工艺品等。挂饰的装饰设计在题材、形式、大小、长短、软硬、色彩、明暗、结构、质地、风格上一定要根据环境因素和功能需要而定。小环境选用大装饰就会产生密不透风的感觉；

图4-49

图4-50

图4-51

图 4-52

图 4-56 墙面的艺术处理

图 4-57

图 4-53   图 4-54 大空间环境的挂饰艺术

图 4-55 吉林市聚点酒店（设计者：张岩鑫）

图 4-58

反之，大空间采用小装饰也会产生孤立无援的不适之感。因此，对于挂饰的选择，应在不破坏整体环境的情况下合理布局，才能创造出理想的装饰价值。

可供陈设的因素构成非常丰富，如工艺品、工业产品、艺术品和不同门类的商品等，物品有大有小。在家庭中，有序陈设的视听设备成为人们的视觉中心。在商店，大小不一的相同品类的商品，自由地摆放在柜台、货架、展台等处，都能充分地展示出商品信息及商家的文化品位（图4-58～图4-61）。物品的陈设与装饰是相互依托互制互动的，在空间营建和功能完善上，它们以点、线、面、色的构成形式存在，于对比、和谐之中发挥着个性独到作用。

思考与练习：

1. 按课程提到的内容在当地进行拍摄室内设计资料，每个风格拍摄1～20张。

2. 将拍摄内容按风格分类进行对比，写出现代设计与过去的差异。

图4-59

图4-60 小环境下的艺术陈设

图4-61 橱窗的装饰陈设产生了视觉的导向作用

5

室内设计装饰材料、工艺做法及相关配套设计

教学要点

　　本章通过具体的例子指导设计师进行材料和技法的选择，并将大篇幅落在室内设计中地位颇为重要的"照明"和与之相关的"安全"问题上。

5.1 室内装修材料与常规工艺

5.1.1 室内装修设计与材料

　　随着现代科学技术的快速发展与社会经济的繁荣，装饰材料的开发和生产获得了广阔的发展空间，新材料和新工艺不断涌现。材料作为界定空间、装饰空间的物质，不仅其实用内容得到了扩展，其视觉审美内容和文化内涵同样得到了扩展。现代室内设计除满足使用功能要求外，形式美的设计已不仅仅停留在造型与色彩上。材料表面质地的多样性与丰富性，给视觉带来的审美与社会心理影响，逐渐成为设计关注的焦点。因此，合理恰当、灵活有效地应用材质来体现设计构思、完成特定空间的意境创造，已摆在当今室内设计的重要位置上。

　　下面就室内设计的不同空间功能要求，从材料角度出发，简要介绍一下常规思路。室内由于使用功能不同，设计的风格和使用的材料就会有所不同。

1. 顶面

　　酒店大堂一般都追求华丽、气派、温馨的效果。天花吊顶中央部位常使用圆形的迭级吊灯或悬挂豪华水晶吊灯，目的是在追求柔和光感的同时又不失明亮效果。如空间超过复层或较高，天花顶上还要配卤素灯，以增加光照度。吊顶所用的材料也都是常见的轻钢龙骨纸面

石膏板，面层刮大白刷乳胶漆。纸面石膏板属难燃材料，其面层可进行不同材料的施工，它的价格低，工艺简单，所以被广泛采用。特别是乳胶漆，能吸收一定的眩光和反射部分的光照，品质也很细腻、平整，与灯光配置合理时更显明亮、气派，但其由于内在质地的限制而无法弯曲，易碎损，怕潮湿，特别是接缝处理不慎会严重影响天花的平整度。所以，在选择复杂部位的使用材料时，可与其他材料如木材等配合使用，效果甚佳。而"塑铝板"，它不仅符合消防规范，还易弯曲，施工方便，能满足复杂的工艺要求，特别是经特殊处理过的面层漆，色泽多样、高雅，尽显豪华。

　　商业（写字楼）大楼追求气派庄重，如需要还可设计出极具个性的造型。常见的天花饰面层材料，有矿棉板、金属板条及玻璃材料和金属格栅等。室内顶棚的设计目的是为了遮挡"天花"上的各类隐蔽线管和设备，便于灯位的重新布置，保持一定的室内净高度，降低造价或显示建筑风格与空间个性，如木材、塑铝板和金属材料又很容易加工制成各类复杂的造型，施工方便。经特殊处理过的面层漆，更是具有表现性。

　　写字楼的大堂天花，传统的使用材料是轻钢龙骨纸面石膏或矿棉板，现在却与金属针孔板或塑铝板等结合使用。金属针孔板的优点是吸音、吸味、难燃、抗水，使天花内的隐蔽工程极易维修、保养，其面层质感也很精美。为满足功能需要，写字间一般常用吸音性很强的矿棉板。

　　客房的天花基本使用轻钢龙骨纸面石膏板或硅酸钙板、面层刷乳胶漆。也有房间的天花追求特殊效果，如：

美国西部式、泰国式、日本式及乡村式等不同风格的室内使用原木材或木格造型，再配置些纯天然造型材料和颜色，效果别具一格。卫生间天花，最好用抗潮湿性能好且光洁的不锈钢、铝板材料或复合性的材料。

2. 墙面

墙身材料的使用种类繁多，根据不同功能的环境设计具体确定。酒店大堂的墙身和柱身使用石材，进口的，如西班牙米黄、大花白、大花绿、啡网纹及国产石材，感觉豪华气派。石材由于纹理很难对接，所以多选择分割与组合的设计手法，既避开对接石纹的困难，又使墙身形成构成、表现语言丰富多样，如木纹石、旧米黄石满墙铺贴，其所呈现的纹理秩序极具审美意味。

客房常见的是粘贴墙纸、织物面料或乳胶漆的表现利用。因为这样的室内空间以休息为主要目的，各墙界面与人的距离近，接触面多。在处理时应尽可能用柔和、触感好的材料。豪华套房、接待室应认真设计，如壁炉、门套可选用高档石材加工制造。木门及制门窗套设计也应注意选材与家什协调。洗手间一般采用墙瓷砖或大理石，它们与精致的卫生洁具和五金配件呼应，能使洗手间超越单一的功能而给人以美的享受。会议室、会客室墙身的材料一般以木制、织物、涂料为主，再配以局部面板，同样能使墙身造型效果尽显高档，但选择墙体界质材料时一定要注意办公家具与墙身使用材料色彩的协调问题。也有设计师很善于使用防火胶板和塑铝板。这两种材料的主要优点是难燃性好、表层漆质高雅，只要使用合理是非常理想的材料，多用于高档的商场、办公室和防火要求高的场合。

楼梯扶手是建筑装饰中重要的景观，在高档的酒店大堂中尤为突出。档次高的多采用全石材，如雪花白、大花绿等进口石材，极显豪华。也可加工成不同的图案造型。铁花架固定实木扶手，不锈钢、钛金、塑料、玻璃扶手等，效果也超凡。可见，墙面可用的材料非常的多，防潮防火、无副作用的材料均可使用。常用的木饰面板名贵的有：榉木、橡木、水曲柳、红影木等。还有铁花、钛金条或石材、墙纸、布料、涂料、铝板、不锈钢板、金属管材、绘画、工艺等都可与墙身设计相对应，变化多样，光彩照人。

3. 地面

地面材料一般用于高强度、高耐磨性、易保养和防水、防火等特殊的空间场合内。高档的花岗岩材料可用于如大堂、电梯厅和步梯等人流集中使用地带。石材有印度红、美国白麻、蓝钻、巴西芝麻白及国产的许多品种。

较大场所的地面空间上，根据需要，中心部分也可设计拼花图案或整体进行图案处理。平面形式变化多种多样。宴会厅、客房及走道使用吸音、宁静的地毯较好。

图 5-1

家庭卧室采用地板或地毯都合适，给人以贴近自然的感觉。厨房、洗手间要用地砖或石材。医院、候机厅、敞开式办公室等可用胶地板块铺设，脚感好，易擦洗，若保养合理，是理想的地面使用材料。

随着科技进步，现代装饰材料日新月异，产品的种类越来越多。设计师必须把握新材料的性能和潮流，才能设计出具有时代感的优秀作品。（图 5-1）

5.1.2 常规的装修工艺

传统的材料有其传统的施工工艺。随着新材料的出现，又产生了新的工艺，同时也对传统材料赋予新的施工观念。特别是新型工具的产生，极大地提高了劳动效率和工艺质量。

轻钢龙骨纸面板吊顶工程，首先要根据图纸现场定位、放线、找水平面，再用冲击钻打孔固定膨胀螺栓与钢筋吊杆连接。另一头与主龙骨专用挂件连接，用螺扣调节水平面，再与副龙骨相接，龙骨间距不大于400mm×600mm，纸面石膏板（7mm 厚以上）用自攻螺丝固定在轻钢龙骨上，板面的接缝平整严密，再用乳胶漆、107 胶、纤维素等调制的腻子刮平，干透后用棉纱布条封贴，再刮大白，刷乳胶漆。轻钢龙骨石膏板双面隔墙常用 75 型龙骨，上下与原建筑面固定，用膨胀螺栓焊接，用自攻螺丝钉把石膏板固定在龙骨上，先封一面后，内铺填充材料并设各种线管，再封另一面，根据需要可刮大白、刷乳胶漆或贴布饰面等（图 5-2）。

塑铝板天花和墙身先要根据设计要求和规格制作骨架（最好金属），角钢骨架须先钻好固定孔，塑铝板要折边扣上，从折边侧用拉铆钉固定（两板间距可在10mm 左右），再用专业复合型垫条垫度，外注硅胶。如不折边对封粘贴，须在龙骨上先作木底后再用胶粘贴，最好预留 3mm 缝。

防火胶板作饰面层，须作木底，粘贴胶板尽可能割

图 5-2　深圳某酒店客房（设计者：刘国）

块、留缝，以便水分蒸发，面层保持平整。防火胶板属硬榉型材料，无法折边和小弧度弯曲，收边口的工艺极为重要，是质量好坏的关键部位。

木龙骨饰面墙广泛用在各种场合的装饰工程，一般采用 25mm×30mm 木龙骨拼接时要在长木方上按中心距 300mm 的尺寸开出深 15mm、宽 25mm 的凹槽的方法拼接。拼口处用小圆钉和胶水固定，并与已在厚墙上打好的木楔用铁钉固定。安装好种种线管后，可封木胶或纸面石膏板。木龙骨须刷防火涂料。在固定好底层板后，可在其面上粘贴各类木饰面板或作其他工艺的施工。

地面石材在选用进口材时，须作防护处理，特别是像美国白麻石，因其成分复杂，铺设前如不做好保护定会再现不平、泛黄等现象，所以，根据不同的选材一定要有针对性地处理，铺好后，一定要做好防护处理，才能保证石材应有的效果。

5.2　室内电气设计

5.2.1　建筑电气设计的基础知识

作为一名室内设计人员，应具备一定的建筑电气设计的基础知识，以便在进行装修设计时就能考虑到为其他专业设计创造必要的条件，减少许多不必要的麻烦，使室内设计达到预期的效果（图 5-3，图 5-4）。除电工基础理论知识外，还应掌握如下有关知识。更专业的电气应用需要与电工协调配合。

1. 原则规定

（1）建筑电气设计在保证生产和使用条件下，应尽量做到技术先进、经济合理、安全可靠、使用维修管理方便，以及节约设备、材料、有色金属和电能。注意美观。

（2）建筑电气设计所采用的技术标准和装备水平，应与工程在国民经济和公共生活中的地位、规模、功能要求及建筑环境设计相适应。

（3）建筑电气设计应积极采用经实践证明行之有效的新技术、新理论。努力创造经济效益、社会效益和环境效益。

（4）建筑电气设计应根据地区条件、工程特点、规模和发展规划，正确处理近期和远期发展的关系，做到近期为主，考虑发展的可能性。

（5）设计中应选用技术先进、经济、适用的定型产品及经过鉴定、检测的优良的产品。

2. 设计依据

（1）任何民用建筑电气设计，都要遵循有关规范、规定和标准。目前，民用建筑电气设计经常使用的规范有：《民用建筑电气设计规范》、《建筑设计防火规范》、《高层民用建筑设计防火规范》等。

（2）规范、规定的采用，首先应以国家级、省部级为主，其次是有关的地方性规定。

5.2.2 照明设计的有关知识

1. 几个概念

（1）光通量。

以人眼对光的感觉量为基准的单位。单位为流明。

（2）发光强度。

即光通量的空间密度（单位立体角内的光通量数量）。单位为坎德拉。

（3）照度。

被照面单位面积入射的光通量，它表示被照面上的光通量密度。单位为勒克斯。

（4）亮度。

某物体的表面亮度为物体单位面积向视线方向发出的发光强度。单位为尼脱。

上述介绍的四个常用光度单位，它们表明物体不同的光学特性。光通量说明发光物体发出的光能数量；发光强度则是发光体在某方向发出的光通量密度，表示它的光能空间分布情况；照度表示被照面接收光通量密度，用来鉴定被照面的照明情况；亮度则表示发光体单位表面积上发出的发光强度，它表示一个物体的明亮程度。

（5）眩光。

所谓眩光是泛指视野中有极高的亮度或强亮度对比时，所引起的观看物体的不舒适感或视力减低的视觉条件。眩光分直射眩光和反射眩光两种，所谓直射眩光是在观察方向上或附近存在明亮发光体所引起的眩光。反射眩光是光源在观察方向或邻近形成的镜面反射所产生的眩光。

照度和眩光是衡量照明质量好坏的两个重要指标。

2. 电气照明设计要素

（1）有利于对人的活动安全、舒适和正确识别周

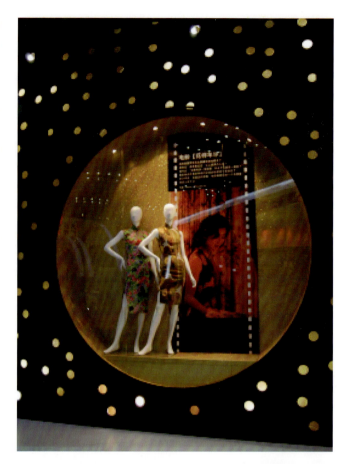

图 5-3

图 5-4

围环境，防止人与光环境之间失去协调性。

（2）重视空间的清晰度，消除不必要的阴影，控制光热和紫外线辐射对人和物产生的不利影响。

（3）创造适宜的亮度分布和照度水平，限制眩光，减少烦躁和不安。

（4）处理好光源色温与显色性的关系和一般显色指数与特殊显色指数的色差关系，避免产生心理上的不平衡、不和谐感。

（5）有效利用天然光，合理地选择照明方式和控制区域，降低电能消耗指标。

3. 照明方式和种类

（1）照明方式。

照明方式可分为：一般照明、分区一般照明、局部照明和混合照明。当仅需要提高房间内某些特定工作区的照明时，宜采用分区一般照明。在下列情况中宜采用局部照明：

①局部需要有较高的照度；

②由于遮挡而使一般照明射不到的某些范围；

③视觉功能降低的人需要有较高的照度；

④需要减少工作区的反射眩光；

⑤为加强某方向光照以增强质感时。

当一般照明或分区一般照明不能满足要求时，可采用混合照明。

（2）照明种类。

照明种类可分为：正常照明、应急照明、值班照明、警卫照明、景观照明和障碍标志灯。

应急照明包括备用照明（供继续和暂继续工作的照明）、疏散照明和安全照明。

值班照明，宜利用正常照明中能单独控制的一部分或备用照明的一部分或全部。

备用照明，宜装设在墙面或顶棚部位。

疏散照明，宜设在疏散出口的顶部或疏散走道及其转角处距地 1m 以下的墙面上。走道上的疏散标志灯间距不宜大于 20m。

4. 照明供电

（1）照明系统中的每一单相回路，不宜超过 16A，灯具为单独回路时数量不宜超过 25 个。大型建筑组合灯具每一单相回路不宜超过 25A，光源数量不宜超过 60 个，建筑物轮廓灯每一单相回路不宜超过 100 个。

（2）备用照明应由两路电源或两回线路供电，特别重要的照明负荷，宜在负荷末级配电盘采用自动切换电源的方式，也可采用由两个专用回路各带约 50% 的照明灯具的配电方式。

（3）当供电条件不具备两路电源或两回线路时，备用电源宜采用蓄电池或带有蓄电池的应急照明灯。

（4）疏散照明采用带有蓄电池的应急照明灯时，正常供电电源可接自本层（或本区）的分配电盘的专用回路上，或接引自本层（或本区）的防灾专用配电盘。

（5）备用照明、疏散照明的回路上不应设置插座。

（6）重要场所和负载为气体放电灯的照明线路，其中性截面应与相线规格相同。

5. 照明设计要点与艺术照明、建筑化照明

根据照明场所情况，照明设计分为两种：一是明视照明，如办公室、学校等；另一个为气氛照明，如饭店、宴会厅、旅馆、门厅等处的照明。

（1）工作面明视照明设计要点。

①工作面上要有充分的亮度；

②照度应当均匀；

③不应有眩光，要尽量减少或消除眩光；

④阴影要适当；

⑤光源的光谱分布要好，显色要好；

⑥出色的构思；

⑦要考虑照明心理效果；

⑧照明方案应当经济。

（2）环境气氛照明设计要点。

①亮或暗要根据需要进行设计，有时需要用暗光线造成气氛；

②照度要有差别，不可均一，变化的照明可给人造成不同的感受；

③可以应用金属、玻璃或其他光泽的物体，以小面积眩光造成魅力感；

④需将阴影夸大，从而起到强调突出的作用；

⑤宜用特殊颜色的光作为色彩照明，或用夸张手法进行色彩调节；

⑥可采用特殊的装饰照明手段（灯具设施）；

⑦有时与明视照明要求相反，却能获得好的气氛效果；

⑧从全局看是经济的，从局部看可能是不经济的或过分豪华的。

（3）艺术照明、建筑化照明和普通照明的比较。

艺术照明及建筑化照明与普通照明相比，无论在对建筑物本身的要求，还是对灯具的选用、安装配置等因素上都有所不同。在照明设计中把灯具的功能和装饰密切配合起来，把建筑的艺术性与灯具的艺术性协调起来，以构成一定的风格和增强照明效果。通常，把灯具和建筑物天棚、梁等统一考虑，使之一体化的照明，称为建筑化照明。建筑化照明倾向以装饰为主的属于艺术照明，以功能为主的属于一般照明。

①建筑化照明的优点。

第一，大面积的建筑照明不宜过多地使用吊灯，因

为这样会形成灯具林立，很不美观。通常多用嵌入式或半嵌入式建筑化照明（设计中常用发光天棚、光带、光檐等），使空间显得整齐、美观、流畅。

第二，可将灯具、空调设备、防灾设施等统一布置安装，并将建筑物梁及设备管道等隐蔽起来，使整个建筑更为干净利落。

第三，不同的光源、灯具和不同的建筑形式相结合，可实现建筑艺术的多样化，特别适用于大型多功能、多房间的公共建筑。

第四，便于建筑物的工业化施工，容易保证施工质量，减少笨重体力劳动。

第五，有利于节约能源和投资。

②艺术照明的光技术特性。

第一，充分的照度（满足照明的一般功能要求）。

第二，舒适的亮度分布（采取和自然环境相接近的亮度分布。顶棚处理得稍亮一些，地面较暗，选择适当的灯具配光形式及装饰色彩来达到这一要求）。

第三，尽量在设计中减少灯具眩光的出现。

第四，灯光的方向（考虑开灯后的表现效果。采用不同的灯光照明形式，获得完全不同的观看形象，利用灯光形成不同的阴影，可得到不同的效果）。

第五，灯光色调和建筑内部装饰色彩应当协调，如果灯光的光色和空间色调不配合，就会破坏室内艺术效果。

③艺术照明处理方法。

第一，综合考虑灯具的各种因素，以灯具的艺术装饰为主，将灯具进行艺术处理。

第二，用多个造型简单、风格统一的灯具排列成具有规律的图案，通过灯具和建筑的有机配合取得装饰效果。

第三，"建筑化"大面积照明的艺术处理，把艺术照明形式和建筑使用要求有机地结合起来。

第四，灯光的使用应有明确的目的性，同时考虑白天和晚上的艺术效果，特别是晚上开灯后的效果，并注意"三色"的处理（即光色、颜色和色调）。

④照明器的布置。

照明器的布置就是确定灯在房间内的空间位置，这对照明质量有极重要的影响。光的投射方向、工作面的照度、照明的均匀性、直射眩光和反射眩光、视野内其他表面的亮度分布以及工作面上的阴影等都直接与照明器的布置有关。照明器的布置方式可以分为均匀布置和选择布置。

第一，均匀布置。灯间距离及行间距离均保持一致。此布置方式适用于要求在整个工作面产生均匀照度的场合。

第二，选择布置。按照最有利的光通量方向及消除表面上的阴影等条件来确定每一个灯的位置，即灯的布置完全取决于设备的分布。布置方式适用于均匀布置不能满足所需照度分布的场所。（图5-5～图5-13）

5.2.3 建筑电气消防安全

1. 消防电源及配电

（1）消防设备的用电要用备用电源或备用动力，根据其负荷等级，消防用电也可按一、二、三级负荷供电，其电源要求应符合《民用建筑电气设计规范》（JGJ 16—2008）中的有关规定。

（2）消防用电设备：一般包括消防水泵、消防电梯、防烟排烟设备、火灾自动报警、自动灭火装置、火灾事故照明、疏散指示标志和电动的防火门、卷帘、阀门及消防控制室的各种控制装置等用电设备。

（3）按一级负荷供电的建筑物，当供电不能满足要求时，应设有自备发电设备。

（4）火灾事故照明和疏散指示标志可采用蓄电池作备用电源，但是连续供电时间不应少于20min。

（5）消防用电设备应采用单独的供电回路，并当发生火灾切断生产、生活用电时，应仍能保证消防用电，其配电设备应有明显标志。

（6）消防用电设备的配电线路应穿管保护。当暗敷时应敷设在非燃烧体结构内，其保护层厚度不应小于3cm，明敷时必须穿金属管，并采取防火保护措施。采用绝缘和护套为非延燃性材料的电缆时，可不采取穿金属管保护，但应敷设在电缆井沟内。

（7）电力电缆不应和输送甲、乙、丙类液体管道、可燃气体管道、热力管道敷设在同一管沟内。配电线路不得穿越风管内腔或敷设在风管外壁上，穿金属管保护的配电线路可紧贴风管外壁敷设。

（8）门顶内有可燃物时，其配电线路应采取穿金属管保护。

2. 灯具、火灾事故照明和疏散指示标志

（1）照明器表面的高温部位靠近可燃物时，应采取隔热、散热等防火保护措施。卤钨灯和额定功率为100W及100W以上的白炽灯的吸顶灯、槽灯、嵌入式灯的引入线应采用瓷管、石棉、玻璃丝等非燃烧材料作隔热保护。

（2）超过60W的白炽灯、卤钨灯、荧光高压汞灯（包括镇流器）等不应直接安装在可燃装修或可燃构件上。可燃物品库房不应设置卤钨灯等高温照明器。

（3）公共建筑和乙、丙类高层厂房的下面部位，应设火灾事故照明：

①封闭楼梯间、防烟楼梯间及前室、消防电梯前室。

②消防控制室、自动发电机房、消防水泵房。

③观众厅，每层面积超过1500m²的展览厅、营业厅、建筑面积超200m²的演播室，人员密集且建筑面积超过300m²的地下室。

④按规定应设封闭楼梯间或防烟楼梯间建筑的疏散走道。

⑤封闭楼梯间，设有能遮挡烟气的双向弹簧门的楼梯间，高层工业建筑的封闭楼梯间的门应为乙级防火门。

防烟楼梯间在楼梯间入口处设有前室（面积不小于6m²，并设有防排烟设施）或设专供排烟用的阳台、凹廊等，且通过前室和楼梯间的门均为乙级防火门的楼梯间。

（4）疏散用的事故照明，其最低照度不应低于0.51x，消防控制室、消防水泵房、自备发电机房的照明支线应接在消防配电线路上。

（5）影剧院、体育馆、多功能礼堂、医院的病房等，其疏散走道和疏散门均宜设置疏散指示标志。

（6）事故照明灯宜设在墙面或顶棚上。疏散指示标志宜放在天顶的顶部或疏散走道及其转角处距地面高度1m以下的墙面上，走道上的指示标志间距不宜大于20m。事故照明灯和疏散指示标志应设玻璃或其他非燃烧材料制作的保护罩。

5.3 装修的防火规范、设计与构建

5.3.1 装修防火设计概述

建筑工程内部装修设计是指导装修施工的最重要条件。建筑内部装修设计中，应重视《建筑内部装修设计防火规范》的执行，贯彻"预防为主，消防结合"的方针。在选定装修材料时，应体现安全、适用、技术先进、经济合理的原则。一个优秀的装修设计方案应该是经优化过程后形成的，是方案的立意、规范的执行、装修材料的选用、工程造价的控制等方面的完美结合。

图 5-5

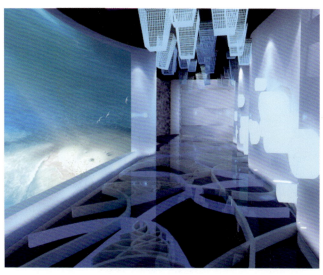

图 5-6

图 5-7

图 5-8

室内装修一般分为地面、棚面、墙面及室内家具、饰物等内容。设计时为追求装修效果、为控制投资而大量使用可燃装修材料和燃烧时产生大量浓烟或毒气的材料，因未采取相应措施，导致了一场场悲剧的发生。为控制和杜绝这些惨剧的发生，就需要严格执行消防规范，任何时候、任何条件下都不能掉以轻心。在室内装修设计时，由于建筑或原有建筑物条件的限制，由于投资的原因，也可能由于其他因素的制约，很难完整地、全面地体现防火规范的精神，这主要在于：

（1）在装修设计中装饰效果和使用安全总是一对矛盾。人们常重视前者而忽视后者。

从总体上把握和追求装修效果是设计师在进行方案设计时的主旋。装修效果的表现是通过处理点、线、面与整体空间的几何形体关系体现的，是装修材料的色彩、质感及光线运用的和谐统一。而最容易表现设计创意的装修材料，大多又为可燃和易燃材料。大量使用的纯毛装饰布、聚酯装饰板、腈纶地毯、胶合板等均属于 B2 级别的装饰材料，它们在燃烧时会产生浓烟或有毒气体，这些材料易加工且色彩丰富极具表现力，在选用这些材料时应注意其应用场合的局限性，充分注意其潜在的不安全性，配合以必要的消防设施，才能使装饰效果与使用安全在一定程度上统一起来。

（2）在装饰设计时，投资控制与使用安全也总是产生矛盾。

在建筑设计阶段，建筑的消防管理主要是通过监督审查完成的，其监督审查的主要内容有：总平面布置；

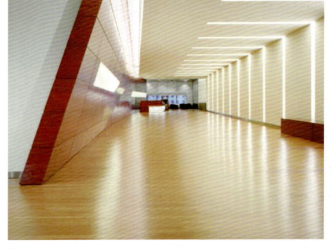

图 5-9

图 5-10

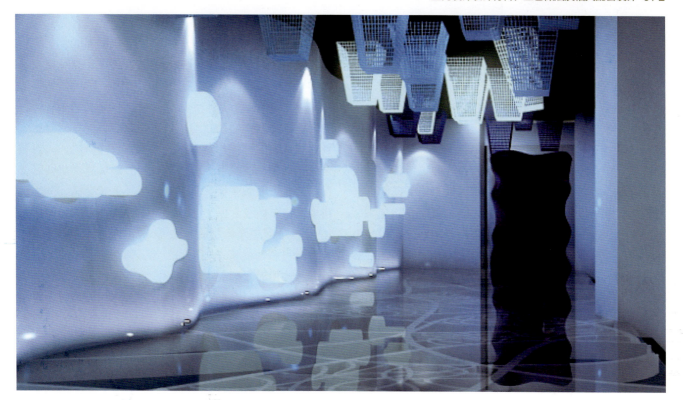

图 5-11

建筑结构；防火分隔；安全疏散；消防设施；火灾自动报警设备。

　　这些内容的监督审查考查了建筑工程是否具备消防条件。在装修设计时，所考虑的消防问题就是充分利用和最大限度地发挥建筑设计已创造的和已具备的条件。装修设计师在努力实现自己创作思想时，无论最终确定哪个装修方案，无论是自觉还是不自觉，都会反映出装修投资额度的差别。

　　在研究装修设计方案与工程造价之间的关系时，一般有两种前提：一是投资条件宽松。具备多方案比较的条件，可以在多家装修企业之间进行纯技术含量的竞争，人们此时可以在宽松的投资环境下，满足防火规范要求。可以符合各种技术规定，可以追求设计方案的尽善尽美，而不需要研究投资的约束条件。应该说在这种条件下，进行装修设计是最理想的，也是最容易创造出优秀的建筑装饰作品来的。但具备这种条件的装饰工程是不多见的。实际工作中更多的是第二种情况，即装修规模和标准。以投资的绝对值为前提进行装修设计。这使设计者可自由创作的空间减少了很多。消防规范要求选用防火性能优秀的装饰材料，对装修材料进行处理，增加必要的消防设施，这些都会使投资增加。若未能满足投资控制，则需采取各种技术方式反复修改直至方案满足要求，人们把这种利用价值工程的原理，对设计方案进行反复修改的方式称作限额设计方式。在进行装修方案设计时，既要控制投资又要消防安全，两者总是矛盾的。

　　（3）不重视消防规范的执行，缺乏各种专业防火知识。

　　在全国装饰工程质量检查活动中，把质量检查的重点放在了是否破坏原有结构和装饰工程防火方面。这足以说明在装饰工程中消防工作是多么重要，也足以说明防火工作并未在相关领域里得到应有的重视。检查结果，装饰消防工程合格率仅为 55.6%。在检查过程中发现，装饰防火工作，无论是设计环节还是施工环节，质量低劣的现象是普遍存在的。设计无资质，装饰材料未能满足防火规范的要求，消防管道无技术资料，消防构造措施未能按要求设置。其结论是建筑装饰设计混乱粗陋，施工质量低劣，偷工减料严重，到处潜伏着安全隐患。

　　在建筑的使用过程中，引起火灾的原因主要有：①人们思想麻痹；②缺乏专业防火知识。

　　在设计措施上，忽视了火灾中人们紧张的心理状态。因此在设计上应采取一些必要的措施缓解人们的紧张情绪。这些执行防火规范的做法，或在客观上减少了人们的情绪压力，或是保证了发生火灾时及时得到扑救。

　　至于人的因素则是体现在：①设计阶段中，专业人员规范的执行力度；②在实施阶段中，保证材料的防火等级；③在使用过程中，提高使用人员的专业防火知识。

　　建筑设计防火规范从总体上为装修防火设计创造了有利条件。建筑平面防火区域的划分，建筑防火构造设计时主要包括有：①防火墙；②电梯井及管道井；③防火门及防火卷帘门；④疏散梯；⑤节点防火措施，等等。

　　这些防火构造的设计，使建筑物防火功能得到了改善，属于建筑防火规范执行的范畴。建筑物室内装修防火设计则是在此建筑防火设计基础上进行的，它所研究的主要内容包括：装修材料燃烧性能等级；室内装修的一般规定等内容。

在进行建筑设计实现建筑功能时，建筑设计为室内装饰防火设计增加了困难。建筑防火设计所设置的疏散标志、消火栓等需要处于显要的位置，应与周围装饰材料有明显的差异。室内装饰防火设计则恰恰相反，强调整体的、统一的装饰效果，尽可能地将消防设施遮挡起来。

从防火规范的角度看，建筑设计也在另一侧面为室内设计提供了便利条件。规范规定：建筑物中装有自动灭火系统，使其增加了建筑物的消防能力。因此，内部装修材料的燃烧性能等级可以在原规定的基础上降低一个等级。这将使装修设计人员拥有一个更广阔的创作空间。

建筑设计防火规范与建筑内部装修防火规范密不可分。在进行建筑设计创作时，建筑功能的满足总是作为首要问题来研究的，它体现了人们进行建筑的初衷。在完善的建筑防火设计的条件下，建筑物室内装修防火设计应做好如下工作：

（1）确定建筑物及场所的规模和性质，明确建筑场所具有的消防设施和条件。

（2）根据上款确定所需装修的部位，确定所选用的装修材料燃烧性能等级。

（3）执行防火规范的一般规定。

5.3.2 防火装饰材料简介及其选用

装修材料按其燃烧性质划分为不燃、难燃、可燃、易燃四个等级。这四个燃烧性能等级是分别通过下列试验标准来确定的。

（1）不燃装修材料（A级）的试验方法。应符合现行国家标准《建筑材料不燃烧性试验方法》的规定，在空气中受到火烧或高温作用时不起火、不微燃、不碳化。室内装修设计常采用的A级不燃材料有金属材料、天然或人工合成的无机矿物材料，具体主要有花岗岩、大理石、硅制品、石膏板、玻璃、钢铁、铝、铜等。

（2）难燃装修材料（B1级），应符合国家现行标准《建筑材料难燃性试验方法》的规定，即在空气中受到火烧或高温作用时难起火、难微燃、难碳化，火源移走后，燃烧或微燃立即停止的材料。这类难燃材料经常采用的有纸面石膏板、水泥刨花板、多彩涂料、PVC塑料地板、难燃胶合板、经防火处理后的木材等。

（3）可燃装修材料（B2级），应符合国家现行《建筑材料可燃性试验方法》的规定，即在空气中受到火烧或高温作用时立即起火或微燃，且火源移走后仍继续燃烧或微燃的材料。如各类天然木材、聚酯装饰板、中硬质PVC塑料地板复合壁纸，经阻燃处理的其他织物和聚乙烯、聚氨酯、玻璃钢、化纤织品等。

（4）易燃装修材料（B3级），可不进行检验。

以上所述的各类装修材料中，B2级地面装修材料应符合现行的国家标准《铺地材料临界辐射通量的测定辐射热源法》的规定。装饰织物的试验方法需经《纺织织物阻燃性能测试垂直法》测定。塑料装饰材料，则需执行塑料燃烧性能试验方法的氧指数法、垂直燃烧法、水平燃烧法的规定。

5.3.3 防火设计与构造

建筑工程的消防设计已为室内装饰工程消防设计提供了必要的条件。室内装饰设计所选用的装饰材料是否符合防火规范，主要取决于设计人员对装饰材料性能的了解和其自身的防火意识。

在具体设计过程中，了解必要的消防设计知识、采用必要的消防措施是非常重要的。在无窗房间的条件下，内部装修材料性能等级应提高一级；建筑内部的配电箱不应直接安装在低于B1级的装修材料上。完善的消防

图 5-12

设施也可在装修材料防火性能等级的选用上有更大的余地。无论是新建工程还是原有建筑的装修，重点装修部位总是在大厅、营业厅、会议室等公共活动场所。这些部位人流大、引发火灾的机会多，所以一定要在设计阶段杜绝火灾隐患。这些部位地面装修材料的选用，除个别二类建筑可以选用 B2 级外，绝大部分要采用 B1 级装饰材料。一般情况下，墙面装饰选用 B1 级建筑装饰材料即可满足要求，但规模较大的一类建筑，如：大于 1000m² 的候机楼、候车室等人流集中的公共建筑，则要求采用 A 级墙面装修材料。

进行室内装饰设计时，在装饰织物、固定家具、地面、墙面、棚面的装修中，棚面的防火等级要求是最高的，这主要是因为：

第一，棚内敷设有供电、照明、消防等管线，棚面也安装有灯具等一些用电设备。

第二，吊棚所选用的材料多为轻质材料，这些材料中有很多是 B2 级装饰材料。尤其是顶棚做复杂造型时，木材总是作为首选材料被应用在吊棚上，尽管做了必要的防火处理，也难保不会出现纰漏。

第三，室内物体燃烧时，无论哪个部位起火，顶棚温度增加是最快的。火焰在燃烧时也呈向上状态，温度很高的烟气会引燃燃点很低的顶棚装修材料。

正由于上述原因，顶棚基本要求选用 A 级装修材料。从防火的角度讲，棚面的防火材料选用比墙面要严格得多，只有在一定规模以下的二类工程装修时才可选 B1 级棚面装饰材料。自动灭火系统的选用，使各装修部位装修材料的选用在规范规定的基础上降低一个等级（顶棚除外），采用自动灭火系统时，防火分区也可按允许的面积增加一倍。防火卷帘门、防火门、防火窗、防火墙及挡烟垂壁的设置都是建筑物防火的构造措施，它能延续和阻止火灾的迅速蔓延。

在概念的界定上，纸面石膏板属 B1 级装修材料，但将其安装在钢龙骨上，即可作为 A 级装修材料使用。属 B2 级装修材料的胶合板，在其表面涂覆一层饰面型防火涂料后，即增加了防火性能。此时胶合板可作为 B1 级材料使用在装修工程上。像一些纸质、布质的壁纸，施涂于何种基层上是很重要的，其防火性能等级是否提高，主要取决于基层的防火性能等级。也可以这样说，室内装修防火设计的成功与否，主要取决于是否解决了以下几个问题：

首先，建筑防火设施的作用是否得到充分发挥、是否满足了建筑功能对室内防火的要求。

其次，建筑防火构造措施是否得当。

最后，建筑装修材料选、取、用是否符合规范要求，有无提高其防火性能等级的方法和途径。

图 5-13

5.4 施工技术与管理

随着经济的空前发展,装饰行业也得到了迅猛的发展和不断的完善,因此如何充分提高工程质量,以及完善施工企业的规范化运作和管理,是摆在人们面前的关键性问题。

装饰工程的质量管理,就是为保证和提高工程质量所进行的组织、协调工作,以及拟定出管理细则、技术规范和检验标准并组织实施。其中组织工程实施,也就是施工阶段这一环节,是保证工程质量的重要环节。因此,下面就从施工管理流程的几个方面来说明施工技术与管理的问题。

1. 施工准备

首先项目经理、技术员及工长要认真阅读设计施工图纸,对设计中的技术要求和预期效果要做到心中有数,然后依据设计分期有步骤地提出材料计划。材料到位入库后,应由材料员分类进行妥善保管。最后组织施工人员清理施工现场,检修施工工具,搭设脚手架,进行必要的准备工作。

2. 材料加工

根据设计合理地利用原材料的规格进行放样下料,避免浪费,充分提高材料的利用率。

3. 结构施工

结构是装饰工程的基础,因此必须确保结构的安全合理及符合设计效果的要求。结构部分,包括天花龙骨结构、墙面龙骨结构、各种室内造型结构和空调、排风、电气等管道和线路架设,如天花吊顶中,轻钢龙骨和面层的材质、品种、规格、颜色以及基层构造、固定方法应符合规范及设计要求。另外,龙骨安装位置要准确。吊筋要通直,以保证其强度,连接件必须牢固无松动。装饰工程中施工工艺都有明确的验收标准,政府或各主管部门都有工程质量监督站。所以从结构施工开始,必须自觉接受监督站和甲方的检验评定。

4. 隐蔽工程

结构结束后,应开始进行电气、排风、空调等隐蔽设施的安装。确保结构安全及防火安全。如电气施工中,首先是配管的品种、规格及连接方法,适用场所必须符合设计要求和施工规范。然后进行穿线。导线的品种、规格、质量必须符合有关规定,如隐蔽工程中的电气工程结束后,应按该项的评定标准进行评定。

5. 饰面施工

隐蔽工程通过验收后,进入饰面施工环节,饰面施工质量决定着整个工程的观感效果。因此,饰面施工根据不同的材料,着重处理板材之间的接缝、阴阳角的对接、表面的平整以及不同材料的结合关系,包括油漆的调配与涂刷等。

它的保证项目:一是材料品种、规格色彩图案,必须符合设计要求和有关规定;二是安装必须牢固,无歪斜、缺楞掉角、裂缝等缺陷。又如油漆这最后一道工序,在品种质量符合设计要求和有关标准的基础上,混油必须保证不脱皮和不出现斑痕,如有底层涂料必须平整、均匀。清漆,严禁漏刷。保证无划痕、无皱、无毛刺。

6. 配套设施

诸如家具、灯具、窗饰、卫生洁具、陈设品以及五金配件等都属于配套设施。如对五金配件的基本要求,首先安装位置准确,割角整齐,交圈接缝严密,出墙尺寸一致。另外,还要求结实牢固,横平竖直美观。

7. 竣工验收

饰面工程和配套设施安装完毕之后,对工程留下的废料、垃圾进行全面清理打扫,并准备必要的竣工验收资料。通知甲方和工程质量监督部门对工程进行综合评定。通过后,方可交付甲方投入使用。

总之,装饰工程施工流程中,每一环节、每一道工序都决定着工程质量的成败优劣。因此必须加强施工现场管理,对施工技术问题加以监督、检验和协调,以充分保证装饰施工的有序进行。

思考与练习:

1. 选择一个正在施工的装修现场进行现场调研并拍摄资料。

2. 写现场调研报告一篇,实地分析该室内设计的风格、样式和安全性。

6
制图基础

教学要点

本章通过大量举例对正投影原理制图进行讲解，讲授制图方法，分析优缺点。

6.1 室内设计表现技法

室内设计的表现技法的含义：设计师将自己的设计意图表达给观者，进行图形学技术视觉传达的媒介手段。

室内设计空间表现的媒介手段：制图、透视效果图、模型、摄影、电影、录像等。表现这样一门具有时间度量的艺术时，以上诸种手段都有着各自的局限性。

我们现实中最常用设计表现手段是：正投影原理制图（也称建筑制图或施工图）和透视效果图。

6.2 正投影原理制图

利用正投影原理所绘制的平面图、立面图、剖面图，只解决空间的构图设计和施工的需要。缺点是很难表现人对环境的直接感受。

正投影原理制图（也称建筑制图或施工图）：建筑的内部是由长、宽、高三个方向构成的一个立体空间，称为三度空间体系。要在图纸上全面、完整、准确地表示它，就必须利用正投影制图，绘制出空间界面的平、立、剖面图。正投影制图能够科学地再现空间界面的真实比例与尺度。在每个界面上纵横切割所呈现出来的截面，就是我们所说的剖面与节点。正投影制图要求使用专业的绘图工具，线条交接清楚，是以明确线条、描建筑内部空间形体的轮廓线来表达设计意图的。所以严格的线条绘制和严格的制图规范是它的主要特征。

室内设计专业基本上是沿用建筑或家具的制图规范。由于室内设计的专业特点，在某些图线的表达方面与建筑和家具尚有区别。室内设计的正投影制图，还是应该遵循建筑制图的规范。

1. 标高及总平面图以 m 为单位，其余均以 mm 为单位（见图 6-1）

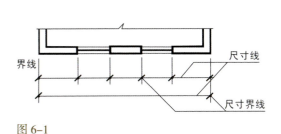

界线
尺寸线
尺寸界线

图 6-1

2. 尺寸线的起止点，一般采用短画和点（见图 6-2）

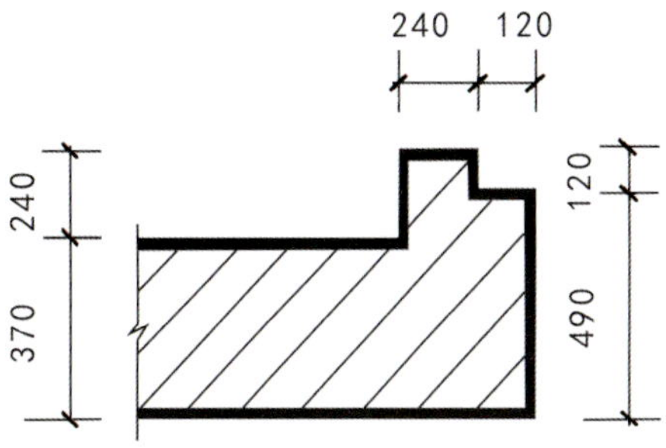

240 120
240
120
370
490

图 6-2

3. 曲线图形的尺寸线，可用尺寸网格表示（见图6-3）

4. 当尺寸线不是水平位置时，尺寸数字应尽量避免在图有斜线范围内注写（见图6-4）

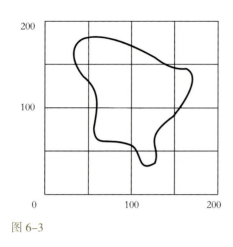

图 6-3

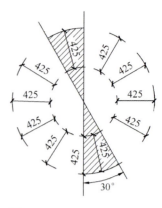

图 6-4

5. 圆弧及角度的表示法（见图6-5）

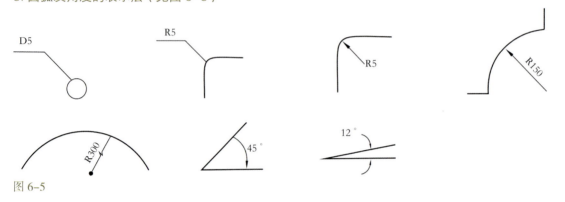

图 6-5

6. 标高一般注到小数点以后第二位为止，如 20.00，3.60 及 1.50 等（见图6-6）

用于剖面或立面图上   用于平面图上   同时表示几个不同高度时的标高注法

图 6-6

7. 图纸幅面规格

（1）所有建筑图纸的幅面，应符合表6-1的规定。

表 6-1 　　　　　　　　　　　　　　　　　幅面及图框尺寸　　　　　　　　　　　　　　　　　　mm

幅面代号 尺寸代号	A0	A1	A2	A3	A4
$b \times l$	841×1189	594×841	420×594	297×420	210×297
c		10		5	
a			25		

（2）允许加长 0 ~ 3 号图纸的长边；加长部分的尺寸应为长边的 1/8 及其倍数（见图 6-7）。

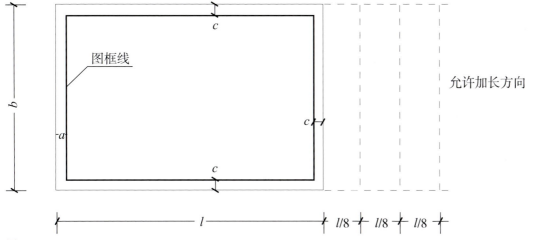

图 6-7

8. 标题栏

图纸中应有标题栏、图框线、幅面线、装订边线和对中标志。图纸的标题栏及装订边的位置，应符合下列规定：

（1）横式使用的图纸，应按图 6-8、图 6-9 的形式进行布置。

（2）立式使用的图纸，应按图 6-10 的形式进行布置。

标题栏应根据工程的需要选择确定其尺寸、格式及分区。签字栏应包括实名列和签名列，并应符合下列规定：

（1）涉外工程的标题栏内，各项主要内容的中文下方应附有译文，设计单位的上方或左方，应加"中华人民共和国"字样。

（2）在计算机制图文件中当使用电子签名与认证时，应符合国家有关电子签名法的规定。

学生制图作业所用标题栏，可采用图 6-9 所示格式。

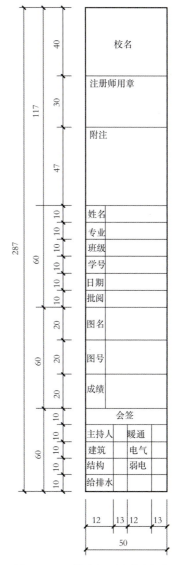

图 6-9 A3 横式幅面（学生用）通长竖式标题栏

图 6-8 横式标题栏

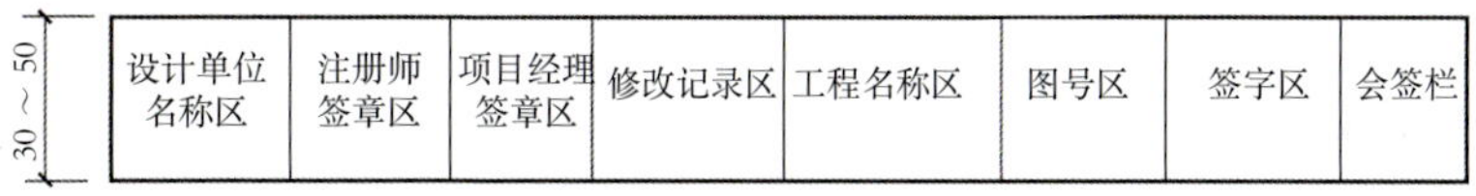

图 6-10 立式标题栏

9. 图线

（1）图面的各种线条，应按表 6-2 的规定采用。

表 6-2   图 线

名　称		线　型	线　宽	一般用途
实线	粗		b	主要可见轮廓线
	中粗		$0.7b$	可见轮廓线
	中		$0.5b$	可见轮廓线、尺寸线、变更云线
	细		$0.25b$	图例填充线、家具线
虚线	粗		b	见各有关专业制图标准
	中粗		$0.7b$	不可见轮廓线
	中		$0.5b$	不可见轮廓线、图例线
	细		$0.25b$	图例填充线、家具线
单点长画线	粗		b	见各有关专业制图标准
	中		$0.5b$	见各有关专业制图标准
	细		$0.25b$	中心线、对称线、轴线等
双点长画线	粗		b	见各有关专业制图标准
	中		$0.5b$	见各有关专业制图标准
	细		$0.25b$	假想轮廓线、成型前原始轮廓线
折断线	细		$0.25b$	断开界线
波浪线	细		$0.25b$	断开界线

（2）定位轴线。

①定位轴线的编号在水平方向的采用阿拉伯数字，由左向右注写；在垂直方向的采用大写汉语拼音字母（但不得使用I、O及Z三个字母），由下向上注写。

②一般定位轴线的注法见下图。

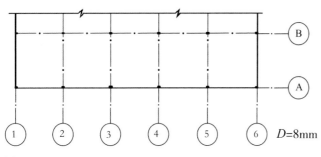

图 6-11

③个别定位轴线的注法见下图。

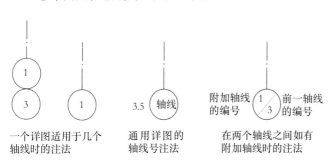

一个详图适用于几个轴线时的注法　通用详图的轴线号注法　在两个轴线之间如有附加轴线时的注法

图 6-12

（3）剖面的剖切线剖视方向，一般向图面的上方或左方，剖切线尽量不穿越图面上的线条。剖切线需要转折时，以一次为限。

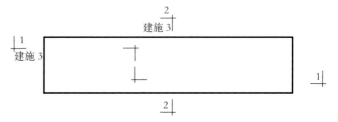

图 6-13

10. 折断线

圆形的构件用曲线折断，其他一律采用直线折断。折断必须经过全部被折断的图面（见图 6-14）。

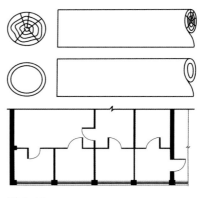

图 6-14

11. 引出线

（1）引出线应采用细直线，不应用曲线（见图6-15）。

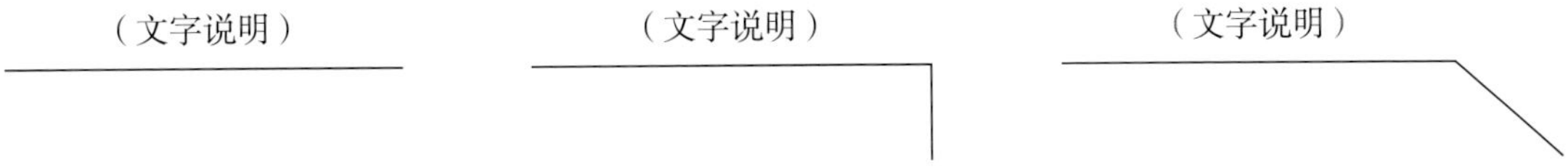

图6-15

（2）索引详图的引出线，应对准圆心（见图6-16）。

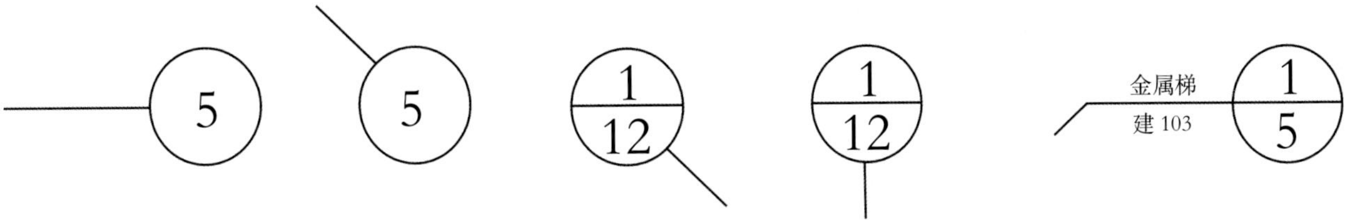

图6-16

（3）引出线同时索引几个相同部分时，各引出线应互相保持平行（见图6-17）。

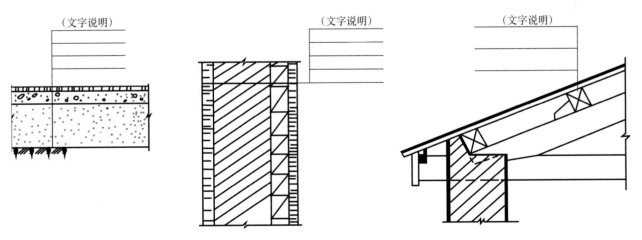

图6-17

（4）多层构造引出线，必须通过被引的各层，并须保持垂直方向。文字说明的次序，应与构造层次一致，一般由上而下，从左到右（见图6-18）。

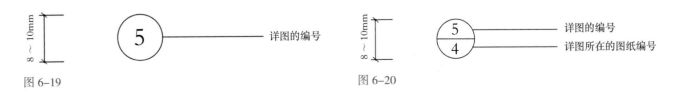

图6-18

12. 详图索引标志

（1）施工图上的详图索引标志。

①详图在本张图纸上时，表示方法如图6-19所示。　②详图不在本张图纸上时，表示方法如图6-20所示。

图6-19

图6-20

（2）详图的标志（见图6-21）。

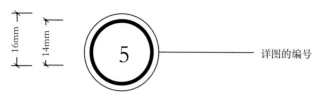

图6-21

（3）标准详图的索引标志（见图6-22）。

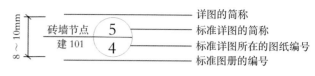

图6-22

（4）局部剖面的详图索引标志（见图6-23）。

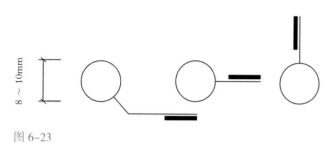

图6-23

13. 比例尺

三棱尺有六种比例刻度，片条尺有四种，它们还可以彼此换算。

比例尺上刻度所注的长度，代表了要度量的实物长度，如1：100比例尺上1cm的刻度只有10mm，即1cm，所以用这种比例尺画出的图形上的尺寸是实物的百分之一，它们之间的比例关系是1：100（见图6-24和表6-3）。

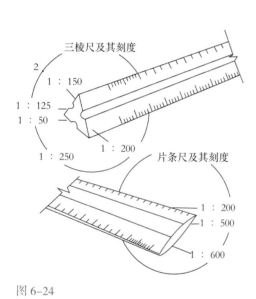

图6-24

表6-3　　各类建筑图样常用比例尺距离

图样名称	比例尺	代表实物长度 /m	图面上线段长度 /mm
总平面或地段图	1：1000	100	100
	1：500	500	250
	1：200	2000	400
平面、立面、剖面图	1：1000	10	200
	1：500	20	200
	1：200	40	200
细部大样图	1：1000	2	100
	1：500	3	300
	1：200	1	200

14. 文字与数字的书写

工程图上所需书写的文字、数字或符号等，均应笔画清晰、字体端正、排列整齐；标点符号应清楚正确。

图纸中字体的大小按照图样的大小、比例等具体情况来定，但应从规定的字高系列中选用。字高系列有3.5、5、7、10、14、20mm。字的大小用字号表示，字号即为字的高度，如5号字的字高为5mm。如需书写更大的字，其高度按$\sqrt{2}$的倍数递增。

（1）汉字。

图样及说明中的汉字，宜采用长仿宋体或黑体，同一图纸字体种类不应超过两种。长仿宋体的高宽关系应符合表6-4的规定，黑体字的宽度与高度应相同。

表6-4　　　　　　　　　　　长仿宋体字高宽关系　　　　　　　　　　　　mm

字　高	20	14	10	7	5	3.5
字　宽	14	10	7	5	3.5	2.5

在实际应用中，汉字的高度不小于3.5mm且字高与字宽的比例大约为3：2。

为了保证字体写得大小一致，整齐匀称，初学长仿宋体时应先打格，然后书写，如图6-25所示。

图6-25 仿宋字示例

长仿宋体字的书写要领是横平竖直、起落分明、粗细一致、结构匀称、充满方格。

（2）数字和字母。

数字和字母在图样上的书写分直体和斜体两种，但同一张图纸上必须统一。如需写成斜体字，其斜度应从字的底线逆时针向上倾斜75°。斜体字的高度与宽度与相应的直体字相等，如图6-26所示。在汉字中的阿拉伯数字、罗马数字、拉丁字母，其字高宜比汉字字高小一号，但不应小于2.5mm。

图6-26 数字、字母示例

15.参考建筑图例（见图6-27）

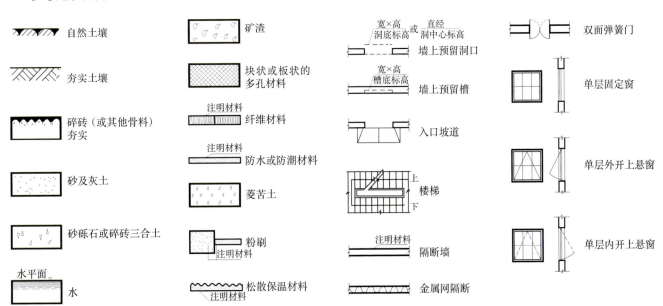

图6-27（一）

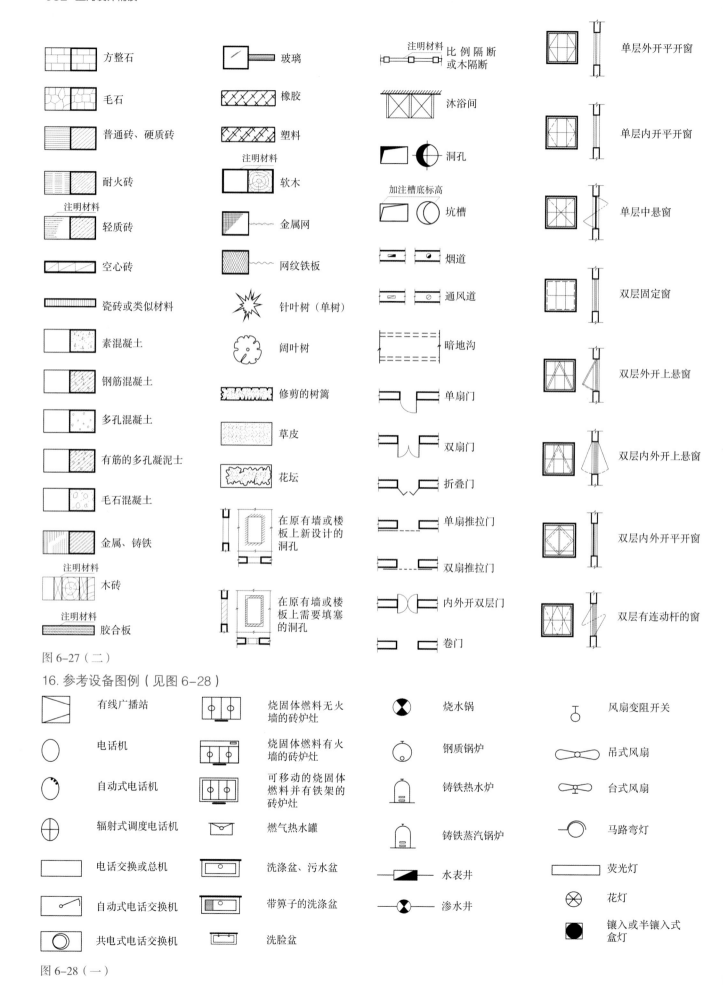

图 6-27（二）

16. 参考设备图例（见图 6-28）

图 6-28（一）

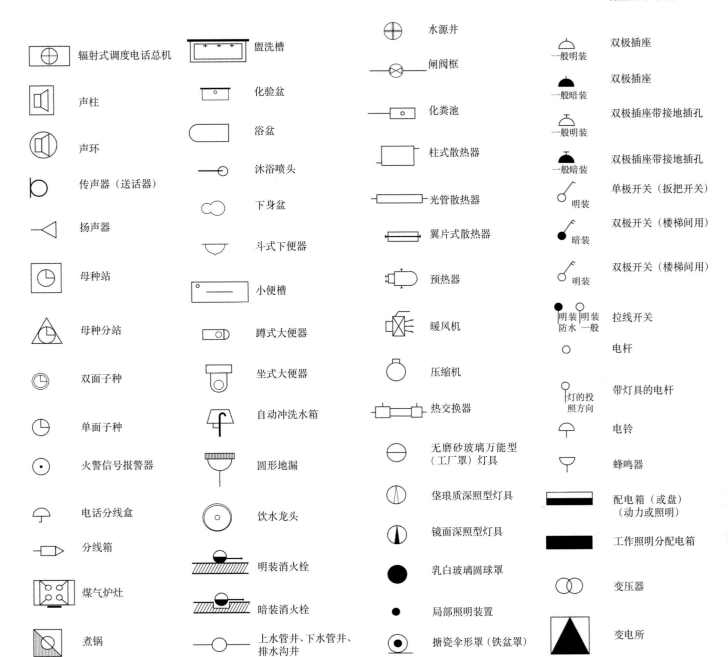

图 6-28（二）

思考与练习：

选择一个装饰空间绘制一套 CAD 施工图，包括平面、立面、节点图。

7

透视

教学要点

本章举例讲解透视效果图概念、透视基本原理、透视图画法及制作透视图的基本准备。

7.1 透视效果图

利用透视手绘图技能或电脑三维作出的静止的、一个观点上的室内空间的场景和氛围，可以很好地表现人对环境的直接感受。模拟现实越充分或表现手法越高明，具有的表现力就越强大，说明力也越强。透视效果图不光是一种设计手段，更是一种表现艺术。

室内设计经常使用的透视方法及透视图有：平行透视（一点）、成角透视（二点）、轴测图、俯视图。

7.1.1 透视基本原理（图 7-1）

透视中常用概念有：

（1）立点（SP）。也称停点，是作画者停立在某点不动而画之意。

（2）视点（EP）。作画者眼睛的位置。

（3）视高（EL）。从视点 EP 到立点的地面点为视高，视高一般与视平线同高。

（4）视平线（HL）。视平线必定通过视中心并与视点同高。

（5）灭点（VP）。从作画者一直延伸到视平线上，通过物体的所有视线的交叉点（消失点）称灭点。

（6）画面（PP）。物体与作画者之间的位置。

（7）测点（M）。也称量点，求透视中物体长、宽、高的测量点。

（8）中央视线（CVR）。从视点到视中心的线称中央视线。

（9）基点（GLP）。从视中心垂直到画面底线并与之相交的点为基点。

（10）基线（GL）。画面底线为基线。

视觉安定区域：根据人眼的生理条件，视觉区域最佳夹角一般不小于 60°，M 点的确定与视距有关，M 点距视中心越近，物体透视缩减程度越大，显得越不稳定；M 点距视中心越远，则感觉相对越稳定。

7.1.2 经常使用的透视图画法

1. 平行透视（一点透视）

（1）这是一种简易的室内平行透视画法。

首先按实际比例确定宽和高 $ABCD$。然后利用 M 点，即可求出室内的进深 AB-ab。

M 点与灭点 VP 任意定。

A-B=6m（宽）

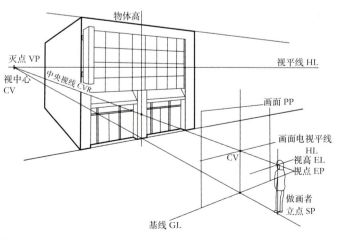

图 7-1

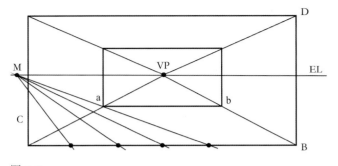

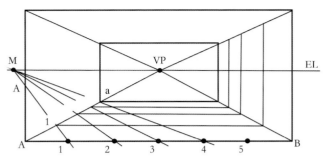

图 7-2

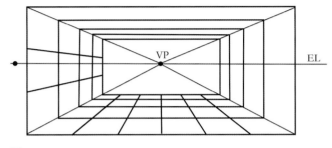

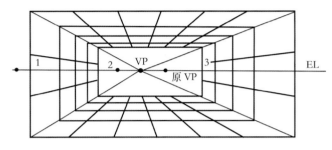

图 7-3

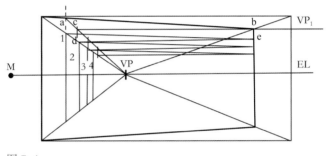

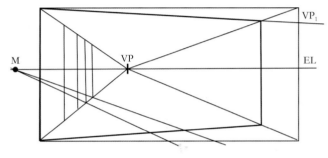

图 7-4

A-*C*=3m（高）

视高 EL=1.6m

A-*a*=4m（进深）

（2）从 M 点分别向 1、2、3、4 划线，与 *A*-*a* 相交的各点即为室内的进深。

利用平行线画出墙壁与天井的进深分割线，然后从各点向 VP 引线。

（3）图 7-2 的灭点在室内的正中央，为绝对平行透视，因此视觉感稳定。图 7-3 的灭点向画面左侧移位，离开正中心为相对平行透视，只要灭点不超过 2-3 的画面 1/3 范围，视觉感仍为稳定，如需要超出，请用二点图法。

2. 成角透视（二点透视）

（1）当灭点 VP 超出画面中央 1/3 时处时，为避免视觉不稳定感，应修正视觉误差。采用简略二点图法，既可使画面稳定，又能避免画面呆板。

先用 M 点求出室内的进深，然后任意定出 VP₁ 灭点线。

（2）先求 1 的透视线（图 7-4）。

延长 1 的垂直线，求出 c 点，再作 c 点的垂直线求出 d 点。

再由 d 点画出水平线，求出 e 点，e 和 1 连接即可得到 1 的透视线。

2、3、4 的透视线用此方法推移。

（3）最后作 5、6、7、8 的垂直线。

（4）图 7-5 的灭点继续向画面左边移位，当灭点离边线过近时，上述方法已不适宜。

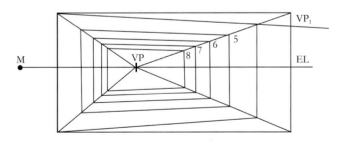

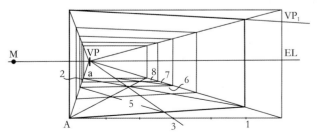

图 7-5

需采用对角线与中心线分割法求出各透视点。

先用 M 点求出室内的进深 *Aa*，再按下列顺序作图：1，2，3，4，5，6，7，8。

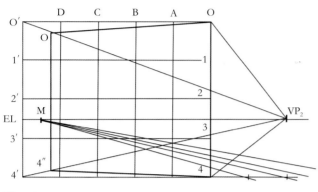

图 7-6

（1）视高 EL 为 1.5m，物体实高 4m，实宽 5m，灭点 VP₂ 及 M 点任意选定，另一灭点 VP₁ 也任意定出，然后利用 M 点求出物体的进深。

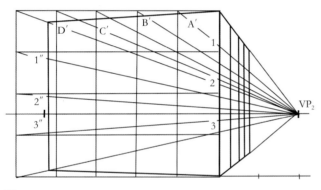

图 7-8

（3）最后连接 11′、22′、33′，画出 A′ B′ C′ D′ 的垂直线。

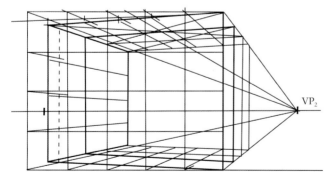

图 7-10

（5）这种图法既可应用于建筑外形设计，同时也可应用于室内设计。

7.1.3　K 线法

（先用正投影画出所需要正方形坐标线）

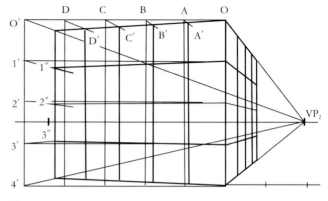

图 7-7

（2）再把 A、B、C、D 和 1′、2′、3′ 分别与 VP₂ 连接，即得出 A′、B′、C′、D′ 和 0″、1″、2″、3″ 各点。

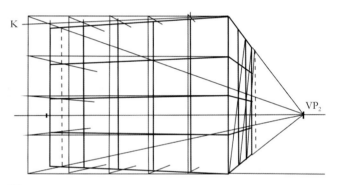

图 7-9

（4）利用辅助线 K 线进行二次分割，从而完成视觉调整。因为图（3）的正方形感觉有些变形，本图利用 K 线调整后已接近真实，将 K 线上的各交点垂直下来即得到理想的透视。

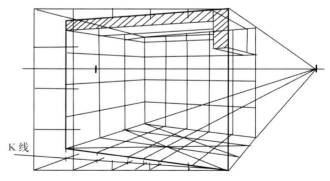

图 7-11

（6）视高是否选定得适宜，需要根据所要表达的内容而定，一般应该按日常的视觉习惯来选定，但必要时可活用，如表现高大物体时，视高可降低，表现宽阔的空间时，视高可提高。

7.1.4 轴测正投影

7.1.5 轴测斜投影

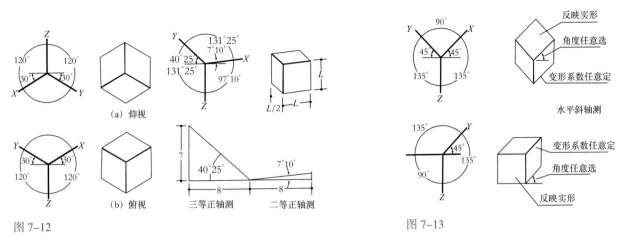

（a）仰视

（b）俯视

三等正轴测　二等正轴测

图 7-12

水平斜轴测

反映实形

角度任意选

变形系数任意定

变形系数任意定

角度任意选

反映实形

图 7-13

7.1.6 轴测图作图步骤

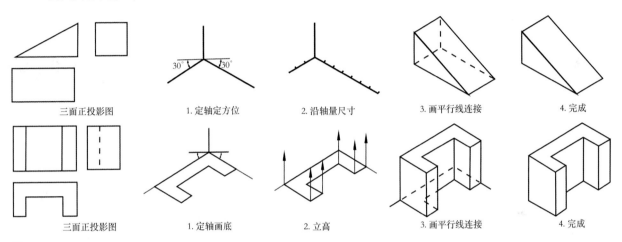

三面正投影图　1.定轴定方位　2.沿轴量尺寸　3.画平行线连接　4.完成

三面正投影图　1.定轴画底　2.立高　3.画平行线连接　4.完成

图 7-14

7.1.7 轴测图应用实例

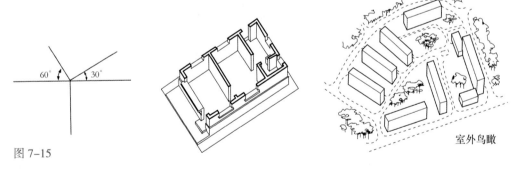

室外鸟瞰

图 7-15

7.1.8 轴测图各轴的变形系统（见表 7-1）

表 7-1

分　类	变　形　系　数		
	X 轴	Y 轴	Z 轴
三等正轴测	1	1	1
二等正轴测	1	0.5	1
水平斜轴测	1	1	1, 0.75, 0.5, 0.35
正面斜轴测	1	1, 0.75, 0.67, 0.5	1

7.1.9 俯视图（三点）

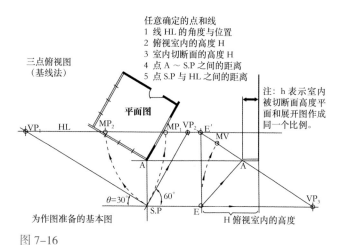

三点俯视图
（基线法）

任意确定的点和线
1 线 HL 的角度与位置
2 俯视室内的高度 H
3 室内切断面的高度 H
4 点 A ～ S.P 之间的距离
5 点 S.P 与 HL 之间的距离

注：h 表示室内
被切断面高度平
面和展开图作成
同一个比例。

平面图

H 俯视室内的高度

θ=30° 60°

为作图准备的基本图

图 7-16

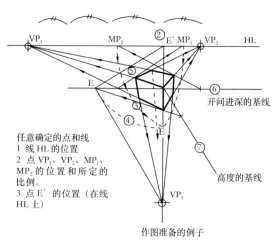

任意确定的点和线
1 线 HL 的位置
2 点 VP₁、VP₂、MP₁、
MP₂ 的位置和所定的
比例。
3 点 E′ 的位置（在线
HL 上）

开间进深的基线

高度的基线

作图准备的例子

图 7-17

作图步骤（见图 7-16）：

（1）画平面图时，确定低向物体的视角：由点 A
分别作水平线与垂直线。

（2）确定俯视对象的位置 S.P 和高度 E。

（3）任意确定线 HL。

（4）由点 S.P 作平面的平行线，求出各点。

作图步骤（见图 7-17）：

（1）在图纸上方，作线 HL ①。

（2）VP₁、VP₂、MP₁、MP₂，按基本图所定的倍数
量点。

（3）在 VP₁ 到 VP₂ 约 1/4 的位置上，作垂直线，
求出点 E′。

（4）点 VP₃、MV 按所定的倍数量点。

（5）以点 VP₂ 为圆心，VP₂ ～ MP₂ 为半径画半圆，
求出交点 E′。

（6）以点 E′ 为圆心，E ～ E′ 为半径画半圆③。

（7）画半圆⑤，求出交点 E，依次连接点 E 和点
VP₃。

（8）过点 E 作水平线，求出交点 A。

（9）过点 A 作分线 E VP₃ 的平行线⑦。

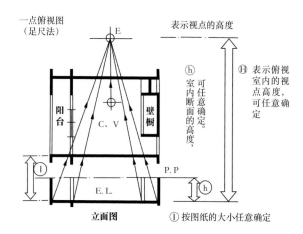

一点俯视图
（足尺法）

表示视点的高度

阳台 壁橱

C、V

ⓗ 室内断面的高度，可任意确定

Ⓗ 表示俯视室内的视点高度，可任意确定

ⓘ

P.P

E.L.

h

立面图

ⓘ 按图纸的大小任意确定

图 7-18

作图步骤（见图 7-18）：

（1）在所用图纸的上方，画平面图（比例为
1/20 ～ 1/50）。

（2）在所用图纸的下方，画立面图（用同一比例）。

（3）任意确定室内断面的高度，作线 PP。

（4）在室内的任意位置，确定心点 CV。

（5）在心点 CV 的垂直线上的任意位置，确定点 E。

作图步骤（见图 7-19）：

（1）把立面图上的各个点与点 E 连接，求出在线 P.P
上的交点。

（2）平面图上的各个点与 C.V 连接（以下参照
图3）。

（3）由线 P.P 上的各个点，向上作垂直线，求出
其交点。

（4）连接各个交点，即可求出所需的作图（与地面、
墙面的连接线）。

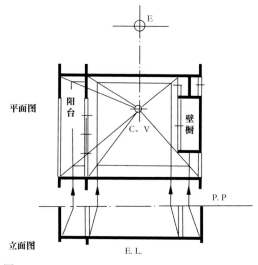

平面图

阳台 壁橱

C、V

P.P

立面图

E.L.

图 7-19

7.2 室内设计表现的专业绘画基础

提高透视效果图表现能力，有赖于美术基本功的训练。准确的空间形体造型能力、清晰的空间投影概念，可以通过结构素描得到形象展现。大量的建筑速写会活跃你的思维，提高你快速表现的能力。要有色彩知识和色彩（水彩、水粉）写生、记忆默写练习作基础，才能提高你丰富敏锐的色彩感觉。室内设计师应把素描、速写、色彩专业作为自己提高设计水平的基础课程。

1. 素描（结构）

素描练习侧重于形体的空间造型、空间结构、质感理解。它要求作图者理性认识事物，着重于对其概括能力和线的造型能力的培养。（图 7-20）

2. 色彩（水彩、水粉）

色彩练习是取得丰富敏锐色彩感觉的一种手段，可用水彩或水粉作为练习工具。色彩训练，不仅要求设计师具备绘画色彩练习的一般方法和技巧，而且要求设计师通过写生、临摹、记忆默写、整理归纳等方式，加深对色彩的理解。设计师要注意通过色彩练习掌握对比色的绘画调色方法，另外还要注意掌握各种色相、明度、纯度倾向的色调表现方法的训练。（图 7-21）

图 7-20

图 7-21

图 7-22

3. 速写

　　活跃的设计思维、快速的表现方式是设计师所希望
拥有和掌握的。在信息化的社会中，时间意味着一切。
"快"是每一个设计师必须具备的素质。大量的写生、
临摹幻灯、书刊、照片资料既能储存大量的形象信息，
又可以开阔视野，训练手、脑有机配合的快速造型能力。
（图 7-22）

思考与练习：

　　1. 绘制一点透视结构图 10 张（可不同空间）。

　　2. 绘制二点透视结构图 10 张（可不同空间）。

8

室内设计表现技法

图 8-1

教学要点

　　本章围绕透视效果图展开，介绍其设计绘图条件及各类技法的种类和特征，穿插色彩知识的理论应用，通过分析徒手画材质的表现引导实践运用。

8.1 透视效果图设计基本绘图条件

8.1.1 基本工具以及绘图工具

　　作为专业的室内设计师，必须配备全套的制图工具，建立绘图工作室及使用舒适的制图环境。

1. 基本绘图条件（图 8-1）

　　①绘图工作台面；　　　　②工作台灯；

　　③旋转升降式工作椅；　　④资料架；

　　⑤绘图仪器架；　　　　　⑥幻灯放映屏幕；

　　⑦电子计算机绘图系统。

2. 基本工具（图 8-2）

　　①图板；　　　　　　　　②图纸；

　　③丁字尺；　　　　　　　④三角板；

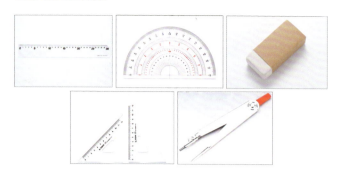

⑤圆规；   ⑥量角器；

⑦比例尺；   ⑧曲线板、尺；

⑨直尺；   ⑩铅笔；

⑪橡皮；   ⑫图钉；

⑬胶水；   ⑭毛刷；

⑮裁剪刀；   ⑯刮刀片；

⑰针管式绘图笔；   ⑱专用绘图墨水；

⑲专用模板；   ⑳各式专用胶条；

㉑界尺。

图 8-2

图 8-3

图 8-4   设计者：常晓雯 指导教师：张岩鑫   暖色调   冷色调

3.绘图工具：（图8-3）

（1）笔类。

①铅笔（6H6B）彩色铅笔；　②炭笔；

③钢笔；　　　　　　　　　④马克笔；

⑤色粉笔；　　　　　　　　⑥油画棒；

⑦油画笔；　　　　　　　　⑧水粉笔；

⑨水彩笔；

⑩中国画笔（衣纹、叶筋、大、中、小白云）；

⑪棕毛板刷；　　　　　　　⑫羊毛板刷；

⑬喷笔。

（2）纸类。

①绘图纸；　　　　　　　　②描图纸；

③水彩纸；　　　　　　　　④素描纸；

⑤绘图纸；　　　　　　　　⑥描图纸；

⑦水彩纸；　　　　　　　　⑧素描纸；

⑨书写纸；　　　　　　　　⑩铜版纸；

⑪白卡纸；　　　　　　　　⑫黑卡纸；

⑬色卡纸。

8.1.2 表现中实用方法及色彩知识的理论应用

1.表现中实用方法

要尽可能地运用一些切实有效的方法，才能使我们的手绘表现图生动感人。

（1）对比。

对比是观察与表现的重要法则。由于室内外各种环境构成因素的不同，造成了不同的空间之间存有差异，进而出现对比。那么，有对比当然就有协调，它们是对立统一的关系，借助这一关系，设计师可在其表现图中展现出均衡的对比美。对比在我们的快速表现中的运用有多种，包括形状的对比、线条的对比、虚实的对比、明暗的对比。①形状对比：对比中最为基本的一类，例如圆与方的对比就属于这一类。这种对比包含了对称形与非对称形的对比、简单形与复杂形的对比及各类几何形之间的对比。②线条的对比：对钢笔画来说，线条的疏密可以表现出不同的节奏感，处理好线形之间的关系，使其恰到好处地夸张，有益于促进空间的转换和空间层次的递进。③虚实对比：图面虚实对比要处理得当，突出重点，对主体物要不惜笔墨，对非主体的东西要大胆地省略。只有这样才能使表现图有中心思想，进而凸显一种极强的视觉张力。④明与暗的对比：在室内表现图中的明暗对比，不仅是物体受光后自身的明暗对比，更重要的是区域性的对比，通过这种处理手法有利于使画面重点突出和空间层次拉大，也易于使画面产生一种强对比的效果。

（2）统一中的渐变（图8-4）。

在平面构成中，大家或许记得不管是线条的渐变还是色彩上的渐变，均能产生一种和谐美和韵律美。那么，在我们室内空间的表现图中，渐变运用得当，也会形成一种和谐美，使我们的空间显示出渐增和渐减的进深韵律，从而带来一种特殊的视觉效果，如从大到小的渐变、明与暗的渐变就属这一种类型。①从大到小的渐变：当基本形在一种有秩序的情况下逐渐转小，就会使人感到空间渐渐远离。这种有秩序的从大到小的渐变，使画面有强烈的深远感和节奏感，起到一种良好的导向作用。②明与暗的渐变：这种渐变的关系易于表现画面的主次和空间的深度，是表现中经常采用的塑造手法，因为它能强调表现内容的主次、虚实等效果，使画面产生韵律性的深度。

2.色彩知识的理论应用（图8-5）

色彩在三维表现图中，是一个感性和理性相结合的概念，既有着写生时的感性色彩，又有着装饰画的抽象理念。

色彩现象不是一个抽象的概念，它与空间中每一物体的材料、质地等紧密地联系在一起。一方面，物体的固有色和采光照明的方式决定了室内色彩的大趋向；另一方面，色彩会随着时间的变更而不断改变，从而产生微妙而丰富的变化。

常用色彩来形容作品的总体氛围、总的色度层次变化、总的色彩冷暖倾向。因此，我们可以从色调的角度对作品进行细化分类：

（1）从色相（颜色的面貌）的角度去分析。例如是以红色为主的色调还是以蓝色为主的色调。

（2）从色性（色彩的冷暖属性）的角度去分析。例如是以暖色为主色调还是以冷色为主色调。

（3）从色彩的明度（颜色的黑白灰关系）来分析。即色彩的明暗调子。

（4）从彩度（色彩的纯净程度和饱和程度）的角度去分析。即色彩的强调子、中间调子和弱调子（灰

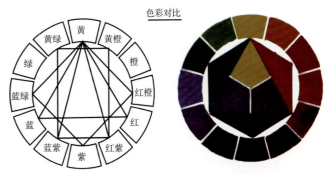

色彩对比

矩形与三角形点上的色分别呈对比的和谐　　　伊顿十二色相环

图8-5

图 8-6

图 8-7

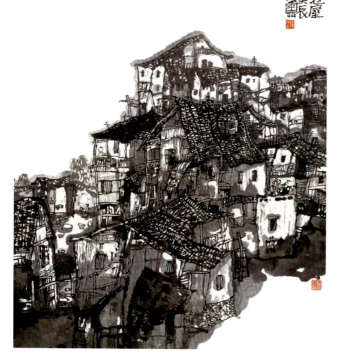

图 8-8

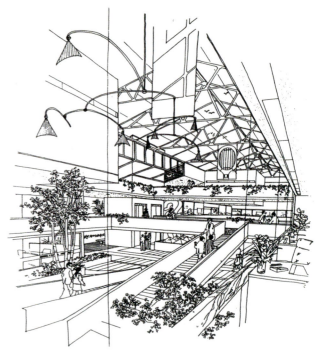

图 8-9

调子）。

　　只有从这几个方面出发，才能正确把握色彩的原理和形成规律。一些色彩常常引起心理联想，如红色常常是生命和热情的象征，给人以壮丽、奔放如血之感，我们在设计宴会厅时，经常用这种色调贯穿其中，以表示一种热烈的气氛；黄色常为富贵、进步文明的象征，让人感觉光芒四射、生机勃勃，豪华的空间应多用一些金黄色来点缀；绿色，常常代表自然、生命力和清新宁静的氛围，在我们的快速表现中，有时仅仅把植物涂上绿色，其他部分为浅灰色，这样同样可以达到清静透明的效果和随心自然的感觉。人们对不同的色彩表现出不同的好恶，这种心理反应常常与人的生活经验、利害关系以及由色彩引起的联想有关。因此，不同色彩引发出的人的心理特性常具有相对性或多义性，设计师要善于利用它积极的一面，挖掘有利因素，避开消极的方面。

8.1.3 透视效果图技法种类

　　透视效果图的绘画表现技法很多，我们把它们分为两大类：

　　（1）传统类表现技法：是指国内 20 世纪 90 年代以前电脑设计还未普及时，以单一色料为主的表现技法，主要有水粉色技法、水彩色技法、中国画技法等。大多数技法表现用时较长，设计表现工序较为复杂。

　　（2）新快速表现技法：是指国内 20 世纪 90 年代以后电脑设计已经普及，大有后来居上之势，手绘图为适应这种变化而产生的以表现快速、色彩明快为主要特色的表现技法。钢笔与马克笔结合，表现快速直观、表

图 8-10

图 8-11

图 8-12　设计者：杨观华　指导教师：张岩鑫

现工序简单，是快速表现中最常见的表现手法。还有钢笔与彩铅笔结合的表现技法、在有色纸上的表现技法、电脑辅助上色等。突出表现个性风格，更追求技法的综合运用。

室内设计艺术是一门综合性艺术，设计表现图兼具科学性与艺术性，有着明确的设计意图。这是效果图与其他艺术绘画作品的根本区别所在。

这种表现图首先需要的是准确而真实地再现所要表现的环境空间的尺度与结构关系，再者就是尽力突出设计意图，然后对其进行个性化的艺术加工，使之与黑白稿相比较更有视觉冲击力和表现力。此外，通过恰当的艺术表现手段来烘托气氛与渲染效果，可将设计意图更恰如其分地传达出来。

1. 传统类表现技法

（1）水粉色技法（图 8-6）。

①水粉色表现力强，色彩饱和深厚，具有较强的覆盖性能。

②以白色调整颜料的深浅，用色的干、湿、薄能产生不同的艺术效果，适用于多种空间环境的表现。使用水粉绘制效果图，绘画技巧性强。

③由于色彩干湿度变化大，湿时明度较低，颜色较深，干时明度较高，颜色较浅，掌握不好易产生"怯""粉""声"的毛病。

（2）水彩色技法（图 8-7）。

水彩色淡雅、层次分明，结构表现清晰，适合表现结构变化丰富的空间环境，水彩色彩明度变化范围小，图面效果不够醒目，作图较费时。

水彩的渲染技法有：

①平涂；

②叠加；

③退晕等。

（3）中国画技法（图 8-8）。

以中国传统绘画的笔墨、颜料、纸张为工具手段，以其特有的内涵、传神的气质来表现室内空间的一种技法，多用兼工带写的手法。

①工，是指画的室内空间实体。应以工笔的手法描绘，从比例、尺度、质感等仔细推敲。

②写，是写意。表现出空间实体后，可用写意的手法描绘配景，以求相互衬托。此法尤其适合表现中国传统的室内空间。

（4）铅笔画技法（图 8-9）。

铅笔画在透视效果图中历史悠久，不仅工具易得，技法本身也容易掌握，绘制速度快，空间关系也能表现得比较充分。

①黑白铅笔画，图面效果典雅，仍为不少人偏爱。

②色彩铅笔画，色彩层次细腻，易于表现丰富的空间轮廓，色块一般用密排的有色铅笔线画出，利用色块的重叠产生出更多的色彩，也可以用笔的侧锋在纸面平涂，涂出的色块由规律排列的色点组成，类似印刷的效果。

（5）透明水色技法（图8-10）。

色彩明快鲜艳，比水彩更为透明清丽，适合于快速表现。由于调色时叠加渲染次数不宜过多，色彩过浓时不宜修改等特点，多与其他技法混用，如钢笔淡彩法、底色水粉法等。

（6）喷绘技法（图8-11）。

喷绘技法画面细腻，变化微妙，有独特的表现力和现代感，是与画笔技法完全不同的。它主要以气泵压力调节喷笔喷射出的细微雾状颜料的轻、重、缓、急，配合专用的阻隔材料，遮盖不着色的部分进行作画。

以上所有的技法既可单独使用，也可混合使用，甚至有时在一张画上同时使用多种技法，以取得最佳的表现效果，这种方法统称为综合技法。

2. 新快速表现技法

（1）钢笔淡彩表现技法（图8-12）。

钢笔淡彩是钢笔线条与水彩相结合的快速表现形式。其特点是色彩清晰明快，形象清灵飘逸，同时又与钢笔线条的流畅、疏密有致结合，较有力地表现了室内的层次感和空间感。

水彩效果图的基本技法有两种，一种是渲染法，包括平涂和退晕等；另外一种是随机挥洒的填色法，包括趁湿晕染和平涂叠色及笔触等。实际着色过程中经常综合使用。

（2）钢笔与彩铅笔结合的表现技法（图8-13）。

彩色铅笔之所以备受设计师的喜爱，主要因为它有方便、简单、易掌握的特点，运用范围广、效果好，是目前较为流行的快速技法之一。尤其用简单的几种颜色和轻松、洒脱的线条即可说明室内设计中的用色、氛围及用材。同时，由于彩色铅笔的色彩种类较多，可表现多种颜色和线条，增加画面的层次和空间。用彩色铅笔在表现一些特殊肌理，如木纹、灯光、倒影和石材肌理时，均有独特的效果。

图8-13　设计者：李本池　指导教师：张岩鑫

图8-14　设计者：杨延东　指导教师：张岩鑫

图8-15　设计者：沈会文　指导教师：张岩鑫

具体使用彩色铅笔时应掌握如下几点：

①在绘制图纸时，可根据实际的情况，改变彩铅的力度，以便使它的色彩明度和纯度发生变化，带出一些渐变的效果，形成多层次的表现。

②由于彩色铅笔有可覆盖性，所以在控制色调时，可用单色（冷色调一般用蓝颜色，暖色调一般用黄颜色）先笼统地罩一遍，逐层上色后细致刻画。

③纸张的选用也会影响画面的风格，在较粗糙的纸张上用彩铅会有一种粗犷豪爽的感觉；而用细滑的纸会产生一种细腻柔和之美。

（3）钢笔与马克笔结合的表现技法（图8-14，图8-15）。

马克笔色彩丰富、作画快捷、使用简便、表现力较强，而且能适合各种纸张，省时省力。近几年里已是设计师的宠儿。

初学者绘制这种表现图时，不妨参考以下几点方法：

①先用冷灰色或暖灰色的马克笔将图中基本的明暗调子画出来。

②在运笔过程中，用笔的遍数不宜过多，在第一遍颜色干透后，再进行第二遍上色，而且要准确、快速。否则色彩会渗出而形成混浊之状，失去了马克笔透明和干净的特点。

③用马克笔表现时，笔触大多以排线为主，所以有规律地组织线条的方向和疏密，有利于形成统一的画面风格。可运用排笔、点笔、跳笔、晕化、留白等方法，但需要灵活使用。

④马克笔覆盖性较差，淡色无法覆盖深色。所以，在给效果图上色的过程中，应该先上浅色而后覆盖较重的颜色。并且要注意色彩之间的和谐，以中性色调为宜，忌用过于鲜亮的颜色。

⑤单纯地运用马克笔，难免会留下不足。所以，应与彩铅、水彩等工具结合使用。有时用酒精作再次调和，画面上会出现神奇的效果。

（4）在有色纸上的表现（图8-16）。

纸张与设计有着密不可分的联系，它是设计中最基本的载体。设计中用到的有色纸，除体现其基本的功能外，还有重要的功能就是烘托气氛和表达意图。

①纸张都有其独特的色彩、光泽、质感及表面的肌理和纹路，而特种纸更由于光泽度的不同、色彩的差异而带给人们各不相同的感受。这些不同的个性纸张在与空间设计结合时，其自身的个性色彩就成为设计的一部分。

②利用纸张传达设计内涵，使纸张的风格与设计的风格完美统一，从而展现独特的艺术效果。如浅橙色的色纸能营造一种温暖热烈的气氛，浅蓝的色纸给人一种清新凉爽的感觉，微绿的色纸则能表达一种环保向上的

图8-16　设计者：徐金晶

图8-17　设计者：徐金晶

氛围。以这些色彩感情为基础，再在这些色纸上画上相应的空间以表现不同的环境氛围，充分利用纸张的纹路色彩和肌理效果以传达出不同的情感。

③用几种少见的有色纸表现平时极为普通的空间，有时会产生一种出乎意料的效果。比如我们用黑纸银线表现出来的空间，会有着一种不同于白纸黑线的感人效果。同时，要注意尽量避开一些不宜被业主所接受的过于刺激的有色纸，用一些高级的含灰色调的有色纸来表现空间还是比较稳妥的。

（5）色粉笔的应用（图8-17，图8-18）。

色粉画，又称粉面、粉笔画等。在半透明、柔软的草图纸上用碳笔和粉笔绘制表现图，是以往建筑师常用的一种快速表现方式。

粉画是用色粉笔直接在画纸上作画，即画即得，不需要等待或二次加工。作画时想停便停，任何时间都可以接着再画，而且工具、材料轻巧易携带。色粉笔的特点是笔头较大，勾出的线较粗，不适宜表现大而复杂的画面，所以在表现过程中色粉笔经常被我们用来表现一种总体性的感觉。

因为粉笔棒既可用线去组织表现画面，也可像水粉那样大面积涂色，既可以平涂、混合，也可以用点彩法

去表现某种材质和塑造形体，所以在快速表现过程中应掌握这种快捷、方便的表现技法。

（6）电脑辅助上色（图8-19~图8-23）。

本节所介绍的快速表现方法与前几节不同，这是在手绘钢笔稿的基础上加以电脑Photoshop上色。这种作图的方法介于纯徒手绘画与电脑绘画之间，它把徒手线稿中的流畅、自然的线条和电脑中无穷无尽的色彩相结合，形成一种新颖的作图表现方法。在具体操作前，可注意如下两点：

①在勾线时要注意线条接口的密封性，以方便用电脑上色时对某处区域的选择。

②在具体上色时，可运用电脑色彩的多变性，用渐变工具对所要表现的物体实施色彩变化，以表示该物体由于远近、虚实、明暗等原因而出现的色彩渐变。

（7）电脑辅助设计（图8-24）。

20世纪90年代中期，电脑绘图由辅助设计的一种借用手段逐渐演变成设计的基本技能，随着各种类型的电脑软件的开发、应用，高科技的新产品层出不穷，486、586、686、奔3、奔4更迭换新。

在建筑（包括室内）设计表现画领域里，电脑效果图以它形体透视比例准确、色彩明暗对比细腻、材料质

图8-18　设计者：杨观华　指导教师：张岩鑫

图8-19　深圳某酒店（设计者：刘国）

图8-20

图 8-21　新加坡单体公寓（设计者：陈必钊）

图 8-22　设计者：胡中原

图 8-23　设计者：陈萱

图 8-24　深圳某酒店（设计者：刘国）

感刻画逼真、情景气氛表达亲切以及画面便于调整修改，并可大量、快速复制等优点，占据了效果图市场绝对的优势地位，这是科技进步的客观反映。随着设计师和电脑操作者技能的熟练与艺术修养的提高，电脑绘画在设计表现上的表达效果还会有所创新，有所突破，还将更好地发挥出不可替代的作用。

（8）电脑设计效果图的类型及其特征（图 8-25、图 8-26）。

①大多为具有普通绘制水平的制作者所绘制的以模仿自然光影效果、客观表现材料质感、追求真情实景、近似摄影相片效果的图面。只要能合理地运用建模与渲染的程序，按照科学的比例透视进行画面调度和光影投射，一般都能获得常人的认可和接受。

②绘制者多是在熟练地掌握了电脑绘图表现技能的基础上，对形体透视、质感光影等基本概念进行了解之后，在强调画面色调的浓淡与冷暖、空间进深的虚实与进退，乃至对画面的构图形式、黑白对比、肌理制作等方面作一些特殊的艺术处理。

图 8-25　深圳大学接待厅（设计者：陈必钊）

深圳精舍会所　设计制作：张岩鑫　齐霖　艾春光

图 8-26　电脑制图欣赏（一）

新疆联合大厦　设计制作：张岩鑫　齐霖　艾春光

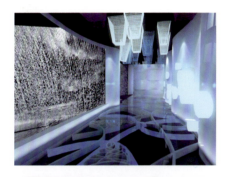  

深圳新生水展厅　设计制作：朱蕊　陈惠慧　潘智韵

山东翰林院食府（一）　设计制作：张岩鑫　齐霖　艾春光

图 8-26　电脑制图欣赏（二）

山东翰林院食府（二）　设计制作：张岩鑫　齐霖　艾春光

深圳环保科普馆

图 8-26　电脑制图欣赏（三）

8.2　透视效果图徒手画材质表现

8.2.1　装饰中应用石质材料及其表现（图8-27～图8-31）

　　一种是光洁的大理石偶有高光，平滑光洁，直接反射灯光、倒影。在表现时，我们一般用钢笔，画一些不规则的纹理和倒影，以表现其真实感。

　　另一种较粗糙。是经过盐酸处理的石材，在大面积石材装饰中，产生一种亚光效果。这种烧毛石材一般用点绘法来表现其粗糙亚光的效果。

　　（1）目前装饰所用的石材种类繁多，如爵士白、啡网纹、大花绿、西班牙米黄等均有生动不规则的天然纹理，都属于经常应用的理石范围。把石材的纹理表现好是表现石材的关键。因为在自然中的石材有浅纹和深纹、虚实之别，不同的石材纹理也不同。在具体表现时，力求生动、自然。此处如果用铅笔来表现石材纹理最为理想。同时，要让石材尽量有光亮、透明和润泽的效果。表现地面的石材时，要注意远近、虚实变化，倒影与高光，要结合地上、墙上物体进行展现。

　　（2）我们把墙体分为红砖墙、卵石墙、条石墙、砌石墙片、五彩石砖墙、釉面砖墙。表现墙体时，要注意色彩的虚实变化，投影与高光要结合，利用高光的变化体现墙体的粗糙与光滑。

8.2.2　木质材料及其表现（图8-32、图8-33）

　　木材是装饰中使用最多的一种材料，具有加工简易、方便的特点，在室内装饰中应用居多。具体表现时，应明确木料材质的色泽和木纹的特点，以提高效果图的真实感。如果我们仅仅用墨线表现时，可以用点绘或勾勒木纹线的方法来区别于其他的材质。

1. 企口板墙表现步骤

　　（1）轮廓线用直尺画出，画木板底色也可利用直尺留出部分高光。

　　（2）用马克笔调棕色画出木纹，并对部分木板颜色加重，打破单调感。

　　（3）画出各板线下边的深影，以加强立体感。再用直尺拉出由实渐虚的光影线，把横向的板条贯连起来增强整体感。

2. 原木板墙的表现

　　（1）徒手勾画轮廓线，并略有起伏。上底色时注意半曲面体的受、背光的明暗深浅。

　　（2）点缀树结，加重明暗交界线和木条下的阴影线，并衬出反光。

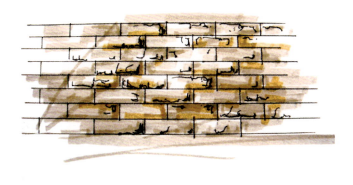

图 8-27

图 8-28

图 8-29

图 8-30

（3）强调木头前端的弧形木纹，随原木曲面起伏拉出光影线。这种原木板墙颇具原始情趣，刻画用笔宜粗犷、大方、潇洒。

8.2.3 金属材料及其表现（图 8-34）

不锈钢、钛金、铜板、铝板等金属装饰用材，在现代装饰设计中应用甚广，它们能起到丰富材料、强化视觉效果、烘托室内空间的时尚装饰效果的作用。

在表现时，要注意镜面金属材料直接反射外部环境的特殊性。可以用点绘和线绘的方法来表现高光、投影和金属特有的光泽感。

图 8-31　　　　　图 8-32

图 8-33

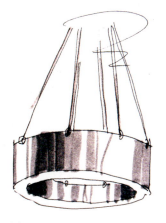 

图 8-34

8.2.4 玻璃及镜面材质表现（图 8-35）

在现代室内装饰中，玻璃幕墙、装饰玻璃砖、玻璃茶几、白玻璃和镜面玻璃等，都是我们在装饰中常用的玻璃材料。它们有着自己特有的视觉装饰效果，是其他材料不可替代的。它们的装饰性和实用性更为业主所喜爱。

（1）由于玻璃不仅透明，而且还对周围产生一定的映照。所以，在表现时不仅要画透过玻璃看到的物体，而且还要画一些疏密得当的投影状线条以表示玻璃的平滑硬朗。

（2）镜面反射物体形象更加充分，更加真实，并且高光与反光相同。

8.2.5 家具陈设及皮革表现（图 8-36 ~ 图 8-38）

（1）餐桌等家具大体分为方、圆两种形状，一般都要铺设桌布，桌布的表现，着重是转折的皱纹。方桌布皱纹多集中于四角，呈放射状倾斜向下垂。圆桌桌布的褶皱沿圆周边缘分散自然下垂。

（2）沙发、椅型要准，比例适中，在表现时要注

图 8-35

意留余地。室内大量的沙发、椅垫、靠背为皮革制品，面质紧密、柔软、有光泽。表现时根据不同的造型、松紧程度运用笔触。

（3）陈设物如书画、壁挂、时钟等，案头摆设如花瓶、古董、鱼缸、水杯等，这些东西在渲染室内环境方面起画龙点睛的作用，具体处理上应简单明了，着笔不多又能体现其质感和韵味。要在静物写生基本功练习的基础上，强调概括表现的能力。

8.2.6 灯具及光影表现（图 8-39）

灯具的样式及其表现效果的好坏，直接影响整个室内设计的格调、档次。

图 8-36

图 8-37

图 8-38

（1）灯光的表现主要借助于明暗对比。重点灯光的背景可有意处理得更深一些。灯具本身刻画不必过于精细（大多处于背光，要利用自身的暗来衬托光的明度）。

（2）一般情况下，正顶光的影子直落，侧顶光的影子斜落。舞厅里多组射光的影子向四周扩散，斜而长，呈放射状。

8.2.7 织物材质及其表现（图 8-40）

织物在现代装饰中，属于软装饰的一种。因为有了它们的存在，我们的生活空间才变得温馨、浪漫。

（1）纺织品由于自身有着缤纷灿烂的空间而显得丰富多彩，如地毯、窗帘、桌布、沙发面料等。它们柔软的质地、轻松明快的色彩会使室内空间得到柔化。

（2）尽量与其他的硬材质在表现上形成一定的差异。表现时，可以运用轻松、活泼的笔触，形成一种柔软的质感，从而起到调节空间色彩与气氛的作用，例如，用马克笔表现下垂式布帘。其画法是：先用马克笔或钢笔勾画形象，用浅色画半受光面和暗面，留出高光，再用深色画皱纹的影子和重点的明暗交界线。用笔须果断，不要拘泥于微细之处。

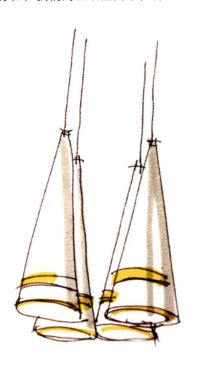

图 8-39

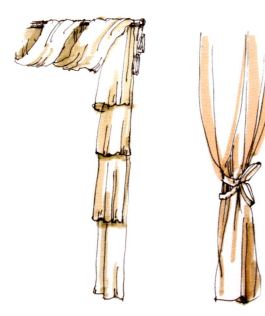

图 8-40

8.2.8 绿化的表现（图 8-41）

　　花草树木也是效果图表现的重要配景之一。它在图中起到活跃气氛、衬托主体和平衡画面的作用。同时，它对画面的色彩也能起到独特的作用。为了增加空间层次的深邃感，对近景的植物要刻画得相对细致、生动，而远处的植物群要一带而过。

　　各种不同品种的植物有着各自不同的形态，画法也不尽相同：

　　（1）树木的叶冠中有许多镂空。在表现时应该根据构图原则，有意识地留出这些空隙，这样会使表现的形象更生动、灵活。

　　（2）近景中靠前的树木，起到拉深空间感和平衡构图的作用。用剪纸形式故意去镂空它，就会让人觉得表现得非常到位。

　　（3）远景的树木，在具体表现时可以用单线勾勒整个植物群的轮廓，使之简单化，以保证画面的整体性。

图 8-41

8.2.9 水体表现（图8-42）

近年，环境景观越来越注重水体，无水不灵；有的房地产公司还提出户户开门临水的要求。

（1）水边石头需配合植物进行处理，不能给人感觉石头与植物脱离。

（2）水的表现应该使之看起来更有流动感。色彩偏向蓝或水质显得更纯净些，会协调好看一点，冰凉干净，很有动感。

（3）水中倒影色彩再处理。适当加入花草和植物倒影色彩层次能够锦上添花。

（4）水面使用功能的不同处理方式也有所区别，如观赏鱼池、植荷莲池、划舟艇江河、喷水池、溪水、叠水瀑布等。水深浅、水波浪、水色不尽相同，表现手法也应具体情况具体分析。

8.2.10 人物的表现（图8-43）

由于常人对人物特定高度有着习惯性认识，往往会以人物的高度为参照来衡量室内、外空间的高度和大小。很自然地使自身融入图中，让自己与空间、建筑物形成一种比较关系，从而对画面的空间高度或室外建筑物的高度产生联想与认定。

人物在建筑画中一般起到烘托气氛的作用，对表现图的视觉效果和空间关系极为重要。人物衣着色彩，可以点缀、影响整个画面的色调与气氛。

服装的类型、款式和色彩，可以标示出人的年龄和阶层。

（1）前卫的年轻人，穿衣大胆时尚，设计师作图时用笔要硬朗，上衣比例要短，这种人物适用的场景较多。

图8-42

图8-43

（2）成功人士，衣着一般为西装，常与皮箱搭配出场，表现他们时，要把其体态刻画得较宽胖。该类人物像常应用于办公楼、学校、街景等场景中。

（3）老年人的代表性元素是拐杖、驼背和大棉裤。在具体表现时，他们身后可以再跟个小孙子，以增加该种人物群的生动性，这类人物一般用于小区内景点较宜。

（4）少女的特点是体态修长、腰高腿长与马尾轻摆。她们有时身着长裙，一副淑女之状；有时身穿短裙，脚蹬长靴，一副摩登女郎形象；或者穿上吊带衣装，又是一种风情女郎的模样。

（5）中年妇女，穿衣保守传统，挎个大包，两腿较粗，间距稍大。

（6）老年妇女身宽体胖，两腿间距比中年妇女更宽，如带个小女孩会更形象。

在具体表现人物场景时，可注意如下几点：

（1）近景人物要注意形体比例，同时也可刻画一下表情神态，远景人物要注意动态姿势。

（2）画面上较远位置出现的人群，通常省略细部，只保留人体的外部轮廓。

（3）具体刻画近处的人物时，可参照一下时装人物画的处理方法，把双腿画得修长一些。

（4）在具体构图时，一般不要使人物处在同一条直线上，否则会给人一种较呆板的感觉。

（5）众多人物的安置，其头部的位置一般放在画面视平线高度。

（6）男女两种性别上的表现，除了从衣服式样和色彩上来区别，还可以调整人体各部分的宽度、比例。男人肩部较宽阔，臀部较小，表现线条有棱角。女人则相反，肩部较窄，胯与肩同宽，表现线条要相对圆润。这样会使画面有一种真实的感觉。

然而，人物毕竟是一种点缀，不可画得过多，以免遮掩了设计的主体造型。一般在中、远景地方画上一些与场景相适应的人物，只讲究比例的准确，不必刻画面部和服装细节。近景必须画人时，要注意使人物有利于画面构图，可能还需刻画面部和服装细节。虽需同时注意构图和细节，但也不必有过分的表情。服饰及色彩也不必过分鲜艳，以免喧宾夺主。

思考与练习：

1. 绘制 1 点透视色彩效果图 5 张（可不同空间，不同风格）。

2. 绘制 2 点透视彩色效果图 5 张（可不同空间，不同风格）。

9
室内设计案例——人立大厦效果图、竣工实景、效果图以及预算清单（数字化内容）

本部分内容请用手机微信扫描下面二维码阅读。

● 扫码关注，阅读、下载人立大厦设计效果图、现场照片、竣工实景图，以及工程预算清单全部资料；

● 浏览精美设计作品图库；

● 加入建筑装饰交流圈；

● 下载配套课件。

微信扫码，获取本书以上配套资源

10
作品欣赏

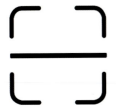

● 扫左页二维码关注，可阅读、下载更多精美设计作品。

深圳大学教学成果展展厅效果图

深圳大学教学成果展展厅实际照片

深圳环保科普馆主展厅效果图

深圳环保科普馆主展厅实际照片

深圳环保科普馆展厅局部效果图

深圳环保科普馆展厅局部实际照片

深圳环保科普馆主入口实际照片

深圳环保科普馆主入口效果图　　　　　深圳环保科普馆形象墙实际照片

深圳环保科普馆形象墙效果图

新疆联合大厦效果图

深圳英杰幼儿园游戏空间效果图

深圳英杰幼儿园效果图

深圳英杰幼儿园教室效果图

深圳英杰幼儿园卫生间效果图

聚点酒店室内设计实际照片

聚点酒店室内设计局部实际照片

聚点酒店室内设计局部实际照片

聚点酒店室内设计局部实际照片

新加坡单体公寓客厅效果图

新加坡单体公寓卧室效果图

新加坡单体公寓厨房效果图

新加坡单体公寓卫生间效果图

上海纯美别墅室内设计效果图

上海纯美别墅室内设计效果图

上海纯美别墅室内设计效果图

上海纯美别墅室内设计效果图

《客厅空间设计》 设计者：吴昆

《卧室空间设计》 设计者：吴昆

《会所软装设计》 设计者：吴昆

深圳市新生水展厅设计规划系列方案

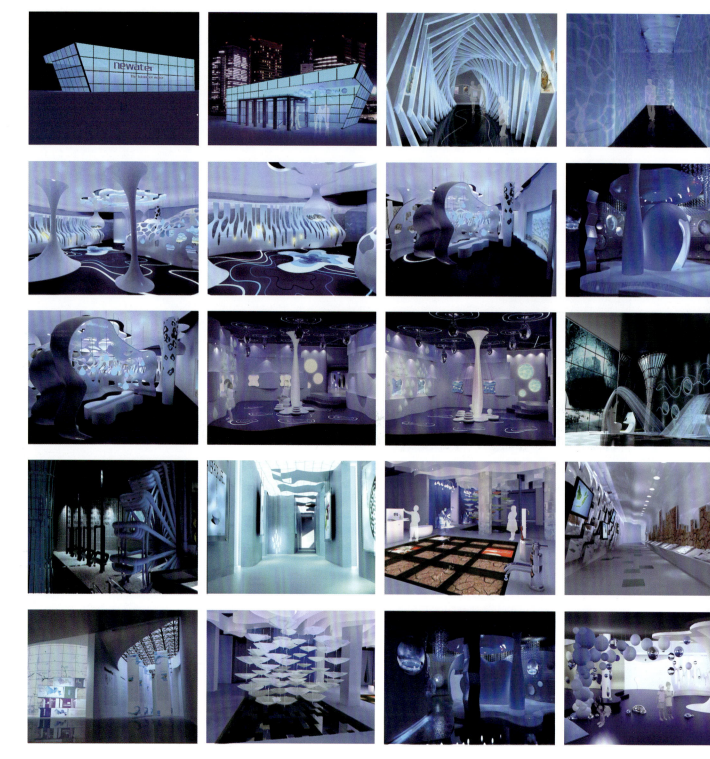

深圳市新生水设计规划项目
指导教师：张岩鑫
设计策划人员：
潘智韵　陈惠慧　梁德胜
伍振江　卢建任　张洁娜
蔡书才　郭健男　朱　蕊